Audi-Dissertationsreihe, Band 83

Timo Völkl

Erweiterte quasistatische Simulation zur Bestimmung des Einflusses transienten Fahrzeugverhaltens auf die Rundenzeit von Rennfahrzeugen

Cuvillier Verlag

Bibliografische Information der Deutschen Nationalbibliothek
Die Deutsche Nationalbibliothek verzeichnet diese Publikation in der Deutschen Nationalbibliografie; detaillierte bibliografische Daten sind im Internet über http://dnb.d-nb.de abrufbar.
1. Aufl. - Göttingen: Cuvillier, 2013
Zugl.: (TU) Darmstadt, Univ., Diss., 2013

978-3-95404-503-7

Nonnenstieg 8, 37075 Göttingen
Telefon: 0551-54724-0
Telefax: 0551-54724-21
www.cuvillier.de

1. Auflage, 2013
Gedruckt auf umweltfreundlichem, säurefreiem Papier aus nachhaltiger Forstwirtschaft

978-3-95404-503-7

Vorwort

Die vorliegende Arbeit entstand während meiner Tätigkeit als Doktorand der Entwicklungsabteilung Audi Sport der AUDI AG in Zusammenarbeit mit dem Fachgebiet Fahrzeugtechnik der Technischen Universität Darmstadt.

Mein besonderer Dank gilt Herrn Prof. Dr. rer. nat. Hermann Winner, dem Leiter des Fachgebiets Fahrzeugtechnik, für die ausgezeichnete wissenschaftliche Betreuung, die gewährte Selbständigkeit und die vielen sinnvollen Anregungen in den fachlichen Diskussionen, die maßgeblich zum Gelingen der Arbeit beigetragen haben.

Herrn Prof. Dr.-Ing. Stephan Rinderknecht danke ich für die freundliche Bereitschaft zur Übernahme des Korreferats und für den wissenschaftlichen Austausch, durch den ich wertvolle Anregungen für diese Arbeit erhielt.

Die AUDI AG gab mir durch ihre Unterstützung und das entgegengebrachte Vertrauen die Möglichkeit, an diesem interessanten Thema zu arbeiten, wofür ich mich herzlich bedanke. Durch die Bereitstellung der nötigen Mittel und Daten wurde die Arbeit in dieser Form möglich. Besonders danke ich Herrn Dr.-Ing. Martin Mühlmeier, dem technischen Leiter von Audi Sport, für die engagierte fachliche Betreuung, seine konstruktive Kritik und die vielen hilfreichen Anmerkungen. Herrn Joachim Hausner, meinem direkten Vorgesetzten, möchte ich für die Unterstützung und den gewährten Freiraum danken.

Weiterhin danke ich allen Mitarbeitern bei Audi Sport für die hervorragende Zusammenarbeit und die aufgebrachte Geduld.

Allen Mitarbeitern von FZD danke ich für die vielfältigen Anregungen in meinen Doktorandenseminaren und ihr Interesse für meine Arbeit. Bei den Mitarbeiterinnen des Sekretariats bedanke ich mich für die Hilfsbereitschaft und administrative Unterstützung.

Während dieser Arbeit wurde ich durch zahlreiche Studenten im Rahmen von Abschlussarbeiten und Praktika unterstützt, denen ich dafür danken möchte, dass sie durch ihr weit überdurchschnittliches Engagement einen wichtigen Teil zu dieser Dissertation beigetragen haben. Ein besonderer Dank gilt dabei Christopher Zinke, Daniel Kohl, Florian Semlinger, Martin Arndt, Martin Kalkofen und Robert Lukesch.

Meiner gesamten Familie möchte ich herzlich für die moralische und tatkräftige Unterstützung danken.

Schließlich danke ich meiner Freundin Stefanie für ihre Unterstützung, Gelassenheit und dafür, dass sie mir stets dabei geholfen hat, das Wesentliche nicht aus den Augen zu verlieren.

Timo Völkl München, im Februar 2013

Inhaltsverzeichnis

Formelzeichen und Indizes **VII**

Abkürzungen **XI**

1 Einleitung **1**
- 1.1 Ausgangslage und Motivation 1
- 1.2 Zielsetzung 3
- 1.3 Aufbau der Arbeit und Methodik 5
- 1.4 Begriffe und Definitionen 7

2 Stand der Technik und Forschung **9**
- 2.1 Optimale Steuerung und numerische Optimierung 9
- 2.2 Quasistatische Rundenzeitsimulation 14
- 2.3 Fahrerregler 18
- 2.4 Automatisierte Optimierung der Fahrzeugparameter 23
- 2.5 Fazit und Untersuchungsbedarf 24

3 Entwurf der erweiterten quasistatischen Rundenzeitsimulation **28**
- 3.1 Herleitung der zeitminimalen Manöversteuerung 28
- 3.2 Beispiel zur Umsetzung der Berechnungsmethode 31
- 3.3 Zeitminimale Manöverberechnung für die Rundstrecke 34
- 3.4 Fazit 37

4 Modellaufbau und Umsetzung **39**
- 4.1 Quasistatische Rundenzeitminimierung 40
  - 4.1.1 Massepunkt 41
  - 4.1.2 Einspurmodell 43
  - 4.1.3 Zweispurmodell 46
- 4.2 Transiente Zustandsbestimmung 51
  - 4.2.1 Fahrbahn 51
  - 4.2.2 Reifen 52
  - 4.2.3 Aerodynamik 57
  - 4.2.4 Aufbau und Fahrwerk 58
  - 4.2.5 Gierdynamik 62
  - 4.2.6 Längsdynamik 64
- 4.3 Fazit 66

5 Validierung der Berechnungsmethode **68**
- 5.1 Rundenzeitvarianz im Streckentest 69

5.2 Präzision, Robustheit und Konvergenz 70
5.3 Genauigkeit 72
5.3.1 Fahrzeugmodell 73
5.3.2 Streckenvergleich 79
5.3.3 Fahrzeugparametervergleich 84
5.4 Fazit 88

6 Zeitminimale Fahrzeugparametrierung 90
6.1 Einfluss und Interaktion des transienten Fahrzeugverhaltens 91
6.1.1 Reifen 91
6.1.2 Aerodynamik 95
6.1.3 Aufbau und Fahrwerk 98
6.1.4 Längsdynamik 105
6.2 Interaktion von Massen-, Abtriebs- und Rollsteifigkeitsverteilung 107
6.3 Streckenabhängige Fahrzeugparametrierung 113
6.4 Fazit 118

7 Diskussion 120
7.1 Bewertung des Entwurfs im Hinblick auf Ergebnisse und Validierung 120
7.2 Einordnung ins Umfeld 122
7.3 Schlussfolgerung 123
7.4 Ausblick 125

8 Zusammenfassung 127

Literatur 129

Formelzeichen und Indizes

Lateinische Formelzeichen

Symbol	Einheit	Beschreibung
A	m^2	Stirnfläche
a	m/s^2	Querbeschleunigung
a_{bal}	-	aerodynamische Abtriebskraftverteilung
b_{bal}	-	Bremskraftverteilung
c	N/m	Federsteifigkeit
c_n^0	-	normierte Schräglaufsteifigkeit
c_p	J/kg/K	spezifische Wärmekapazität
c_L	-	Korrekturfaktor für konvektiven Wärmeaustausch
c_T	-	Skalierungsfaktor Reifensteifigkeit
c_a	-	Abtriebskoeffizient
c_w	-	Luftwiderstandskoeffizient
d	N/s/m	Dämpfungskoeffizient
d	m	Reifenlaufflächendicke
e	m	Effusivität
F	N	Kraft
F_m	div	Parametervektor zur Reifenkraftberechnung
f	-	Skalierungsfaktor
g	m/s^2	Schwerebeschleunigung
$\mathcal{H}$	div.	Hamilton-Funktion
h	$W/K/m^2$	Wärmeübergangskoeffizient
i	-	Zählvariable
J	div.	Kosten
k	-	Verbrauchsfaktor
L_D	-	Zustand der Differentialsperre
l	m	Radstand
l^e	m	Einlauflänge
M	Nm	Moment
m	kg	Masse
$\mathcal{P}$	div	allgemeiner Fahrzeugparameter
P	kW	Leistung
P_T	-	Skalierungsfaktor Reifenkraft
p	div.	Lagrange-Multiplikator
$\dot{q}_f$	W/m^3	visko-elastische Verformung
R	m	Reifenradius

Symbol	Einheit	Beschreibung
r	m	Krümmungsradius
S	m^2	Kontaktfläche
s	-	Reifenschlupf
s	m	Wegstrecke
T	$^\circ C$	Temperatur
t	s	Zeit
u	div.	Steuergröße
v	m/s	Geschwindigkeit
w	m	Spurweite
x	m	Länge
x	div.	Systemzustand
$\mathcal{Z}$	div.	Übergabevektor
z	m	Vertikalbewegung

Griechische Formelzeichen

Symbol	Einheit	Beschreibung
α	rad	Schräglaufwinkel
β	rad	Schwimmwinkel
δ	rad	Lenkwinkel
ε	-	Maschinengenauigkeit
ζ	-	Aufteilungsfaktor für Wärmequellen
η	N	Schubkraft
Θ	kgm^2	Trägheit
μ	-	Reibungskoeffizient
κ	1/m	Krümmung
λ	W/m/K	Wärmeleitkoeffizient
ρ	kg/m^3	Dichte
σ	div	Standardabweichung
τ	s	Zeitkonstante
ϕ	W/m^2	Wärmestromdichte
φ	rad	Winkel, Aufbaubewegung
ψ	rad	Gierwinkel
ω	rad/s	Drehgeschwindigkeit

Indizes

Index	Beschreibung
0	Anfangszustand, Initialsystem
A	Aufbau
a	auf aerodynamischen Abtrieb bezogen
abs	Absolutwert, Betrag
b	auf Bremse bezogen
bal	Balance, Verhältnis
cp	auf Kontaktfläche des Reifens mit Fahrbahn bezogen
cpS	auf Schlupfbereich der Kontaktfläche des Reifen bezogen
D	auf Antriebsstrang bezogen
dyn	dynamisch, transient
e	Einlauflänge
f	Endzustand
h	hinten
i	auf Reifeninnenseite bezogen
i	Zählvariable
ist	Istwert
k	Längsschlupf des Reifens
L	auf Umgebungsluft bezogen
l	links
M	auf den Maximalzustand der Reifens bezogen
m	Parametervektor zur Reifenkraftberechnung
max	Maximalwert
mid	auf drittes Element bezogen
n	normiert
p	Wärmekapazität
R	Rad
r	rechts
$real$	auf reales Fahrzeug bezogen
$roll$	auf die Rollbewegung bezogen
rms	Fehlerwert
S	auf den reinen Gleitzustand der Reifen bezogen
S	auf Fahrbahn bezogen
s	Reifenoberfläche
sim	auf Berechnung bezogen
$soll$	Sollwert
$stat$	statisch
T	Temperatur
v	vorne
w	auf aerodynamischen Luftwiderstand bezogen
x	Koordinatenrichtung x
y	Koordinatenrichtung y
z	Koordinatenrichtung z

Abkürzungen

Abkürzung	**Beschreibung**
eqs	erweitert quasistatisch
HA	Hinterachse
LMP	Le Mans Prototyp
MP	Momentanpol
qs	quasistatisch
RDZ	Rundenzeit
SI	Sensitivitätsindex
SQP	sequentielle quadratische Programmierung
VA	Vorderachse
WEC	Langstreckenweltmeisterschaft

1 Einleitung

1.1 Ausgangslage und Motivation

„The objective in motor racing is to win races [...]. At the very heart of this activity is the problem of achieving a performance from the driver-vehicle entity which, in the particular race environment, exceeds the competition. This is the challenge.“[1]

Für die technische Entwicklung im automobilen Rennsport gilt die Minimierung der mittleren Rundenzeit über die gesamte Renndistanz als entscheidendes Entwicklungskriterium. Als Maßstab der Erfüllung dieses Kriteriums wird die minimal mögliche Rundenzeit verwendet, die ohne den Einfluss anderer Fahrzeuge, bei trockener, sauberer Fahrbahn, minimaler Betankungsmenge und neuen Reifen gemessen wird. Andere Faktoren, die Einfluss auf die mittlere Rundenzeit haben, wie die aktuelle Fahrerkonstitution, das Verhalten der anderen Rennteilnehmer oder die Wetterlage, werden durch Entscheidungen im Entwicklungsprozess nicht oder nur wenig beeinflusst und spielen daher eine untergeordnete Rolle. Bei der Entwicklung der verschiedenen Bauteile werden Kriterien wie Betriebsfestigkeit, Sicherheit bei Unfällen oder Bedienbarkeit durch den Fahrer beachtet, doch der Erfolg des Gesamtfahrzeugkonzepts wird letztlich an der minimal möglichen Rundenzeit im Vergleich zu den Konkurrenzfahrzeugen gemessen.

Um die Wechselwirkung und die Interaktionen zwischen den Baugruppen zu untersuchen, ist eine gesamtheitliche Bewertung der verschiedenen Einflüsse auf die Rundenzeit nötig. Aus dieser Gesamtbetrachtung werden die Anforderungen zur Rundenzeitminimierung für die jeweiligen Entwicklungsabteilungen auf die verschiedenen Teilaspekte zerlegt[2]. Aufgrund der kurzen Entwicklungszeiträume erfolgt die Entwicklung unter hohem Zeitdruck[3]. In Kombination mit Testeinschränkungen lässt sich der optimale Kompromiss immer schwerer im reinen Streckentestbetrieb ermitteln. Daher wird der Streckentest zunehmend mit virtuellen Testmethoden wie Rundenzeitsimulation oder Fahrsimulatoren ergänzt, um so eine Vorauswahl der rundenzeitminimalen Zielgrößen zu erzeugen, bevor das Fahrzeug fertig gestellt ist und auf der Strecke eingesetzt wird.

Rundenzeitsimulation berechnet mit einem virtuellen Fahrzeugmodell die minimal erreichbare Rundenzeit für einen bestimmten Fahrzeugparametersatz. Ein Fahrzeugparametersatz ist die abstrahierte Beschreibung eines Fahrzeugs über eine Kombination verschiedener Größen, die für die Modellierung des Fahrzeugs in der virtuellen Testumgebung nötig

[1] Milliken und Milliken, *Race Car Vehicle Dynamics* (1995), S. III.

[2] Verschiedene Anforderungen an die Baugruppen sowie Aufbau der verschiedenen Rennwagenklassen werden bei Trzesniowski, *Rennwagentechnik* (2008) beschrieben.

[3] In der Formel 1 werden Bauteile wöchentlich für den Einsatz weiterentwickelt, vgl. Tremayne, *The Science of Formula 1 Design* (2006), S. 7-13.

sind. Die Menge aller Fahrzeugparameter umfasst die Gesamtheit der, im Rahmen des Reglements oder anderer sinnvoller Grenzen, möglichen Freiheitsgrade, aus denen über Rundenzeitsimulation die optimale Kombination ausgewählt wird.

Abbildung 1.1 zeigt die Interaktion von Rundenzeitsimulation mit den Entwicklungswerkzeugen Fahrsimulator und Streckentest im Entwicklungsprozess. Über Rundenzeitsimulation wird die Parametervorauswahl für den Streckenbetrieb erzeugt. Die Optimalität der Vorauswahl wird im Streckentest überprüft und das Ergebnis des Streckentests dient wiederum zur Validierung der Rundenzeitsimulation. Gleichzeitig werden die Ergebnisse mit den Resultaten des Fahrsimulators abgeglichen, dessen Vorhersage ebenfalls mit dem Streckentest validiert wird. Durch die Validierung der beiden Werkzeuge im Streckenbetrieb wird die Aussagegenauigkeit erhöht. Der Austausch der Validierungsergebnisse zwischen Rundenzeitsimulation und Fahrsimulator ermöglicht eine objektive Bewertung der optimierten Parametersätze durch den Fahrer innerhalb einer kontrollierten Modellumgebung. Während beim Streckentest ein reales Fahrzeug mit realem Fahrer verwendet wird, wird das Fahrzeug im Fahrsimulator durch das virtuelle Fahrzeug ersetzt. In der Rundenzeitsimulation wird der Fahrer ebenso durch die virtuelle Testumgebung ersetzt. Das bedeutet, durch den hohen deterministischen Anteil erlaubt Rundenzeitsimulation die präzisesten Aussagen, hat aber auch den höchsten Abstraktionsgrad.

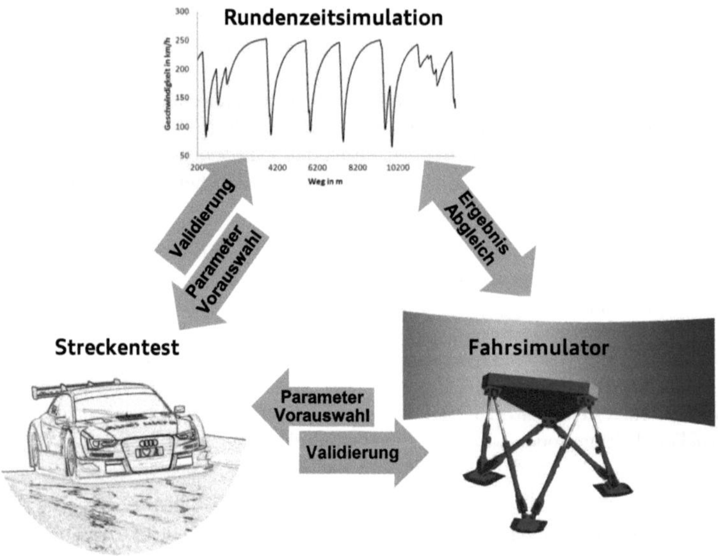

Abbildung 1.1: Rundenzeitsimulation im Entwicklungsprozess.

Ziel der Rundenzeitsimulation ist es, den Entwicklungsprozess zu beschleunigen. Durch genauere Abbildung des Fahrzeugverhaltens in der Rundenzeitsimulation wird eine bessere Parametervorhersage erreicht, wodurch sich ein Wettbewerbsvorteil im Kontext der immer weiter verkürzten Entwicklungszeiträume ergibt. Die maximale, vom Fahrzeug umsetzbare Beschleunigung bestimmt die mittlere Geschwindigkeit des Fahrzeugs und damit die Rundenzeit. Das Fahrzeugbeschleunigungspotential hängt vom Reibungskoeffizienten des Reifens ab, der wiederum vom transienten Fahrzeugverhalten beeinflusst wird[4]. Als transientes Fahrzeugverhalten wird speziell das Fahrzeugverhalten bezeichnet, das durch eine zeitlich abhängige Systemdynamik verursacht wird. Im Gegensatz dazu steht das statische Fahrzeugverhalten, das durch eine stationär eingeschwungene Systembeschreibung abgebildet wird. Aufgrund des Einflusses der Systemdynamik auf das Reifenkraftpotential ist für eine hohe Qualität der Abbildung des Fahrzeugpotentials in der Rundenzeitsimulation die Erfassung des transienten Fahrzeugverhaltens entscheidend.

1.2 Zielsetzung

Durch Rundenzeitsimulation wird der Entwicklungsprozess beschleunigt, um so einen Vorteil gegenüber dem Wettbewerb zu generieren. Zur Berechnung der wesentlichen, das Fahrzeugbeschleunigungspotential beeinflussenden Größen ist es nötig, dass die Rundenzeitsimulation in der Lage ist, transientes Fahrzeugverhalten abzubilden.

Ziel dieser Arbeit ist es daher, eine Berechnungsmethode zur genauen objektiven Bewertung des Einflusses der transienten Fahrzeugeigenschaften auf die Rundenzeit eines Rennsportfahrzeugs zu entwickeln, um daraus eine Vorgabe für rundenzeitoptimale Fahrzeugparameter abzuleiten.

Um die Übertragbarkeit der Berechnungsmethode auf allgemeine Probleme zur Rundenzeitberechnung zu gewährleisten, wird die Methode anhand verschiedener objektiver Zielbewertungskriterien entwickelt. Dafür werden die in der DIN 55350-13[5] zur Bewertung eines Ermittlungsergebnisses beschriebenen Kriterien der Präzision und der Genauigkeit verwendet. Neben Präzision wird über Robustheit und Konvergenzverhalten die Toleranz der Methode beschrieben. Die Toleranz beschreibt den geringsten Rundenzeiteinfluss einer Parametervariation bis zu dem eine Rundenzeitaussage möglich ist.

Präzision wird in dieser Arbeit sinngemäß der DIN 55350-13 auf die Wiederholgenauigkeit der Rundenzeitaussage der Methode bezogen. Die Grenze der Präzision ist erreicht, wenn der Rundenzeiteinfluss eines Parameters aufgrund der Ergebnisvariation bei zu kleinen Parameterveränderungen nicht mehr nachvollziehbar ist. Die Präzision wird daher durch eine Variation von Parametern mit geringem Rundenzeiteinfluss über den Abgleich mit der erwarteten Rundenzeitsensitivität überprüft.

Robustheit wird in dieser Arbeit als Kriterium zur Bezeichnung der Zuverlässigkeit des Algorithmus[6] verwendet. Eine hohe Robustheit meint einen geringen Einfluss auf die berechnete Rundenzeit bei ungünstiger Wahl der Randbedingungen oder der Parameter. Als

[4] Die verschiedenen fahrdynamischen Zusammenhänge werden detailliert von Mitschke, *Dynamik der Kraftfahrzeuge* (2004) und Milliken und Milliken, *Race Car Vehicle Dynamics* (1995) beschrieben.

[5] DIN 55350-13:1987-07, *Begriffe der Qualitätssicherung und Statistik - Begriffe zur Genauigkeit von Ermittlungsverfahren und Ermittlungsergebnissen* (1987).

[6] Vgl. ISO/IEC 25010:2011, *Systems and software engineering - Systems and software Quality Requirements and Evaluation (SQuaRE) - System and software quality models* (2011).

Randbedingungen werden alle zur Lösung nötigen Vorgaben bezeichnet, die nicht direkt zur Modellbeschreibung nötig sind wie zum Beispiel die Startlösung, von der aus das Ergebnis berechnet wird. Die Robustheit wird über Variation der Randbedingungen überprüft. Bei Parametervariation besteht die Gefahr einer verfälschten Aussage durch unpräzises Verhalten der Berechnung.

Das **Konvergenzverhalten** bezeichnet die Annäherung der Zwischenschritte der Berechnung zu einem Endwert. Das Kriterium ist aus dem in der Mathematik verwendeten Begriff der Konvergenz abgeleitet, der zur Beschreibung von Folgen verwendet wird, die sich einem bestimmten Grenzwert annähern. Eine Berechnung wird als konvergiert betrachtet, wenn die Rundenzeitvariation der einzelnen Zwischenschritte innerhalb eines bestimmten Grenzwertes liegt. Bei einer nicht konvergierenden Berechnung erfolgt keine ausreichende Annäherung. Als robustes Konvergenzverhalten wird ein gegenüber Parameter- und Randbedingungsvariation stabiles Konvergenzverhalten bezeichnet. Das Konvergenzverhalten wird daher über Variation der Parameter und Randbedingungen überprüft.

Die Genauigkeit bezeichnet laut der DIN 55350-13[7] die Abweichung zu einem Bezugswert, wobei der Bezugswert in diese Arbeit der über den Fahrversuch im Streckentest gebildete Erwartungswert ist. Die Genauigkeit der Methode wird über die drei verschiedene Teilkriterien Modell-, Vorhersage- und Aussagegenauigkeit bewertet.

Als **Modellgenauigkeit** wird Übereinstimmung des Modellverhaltens mit realem Verhalten bezeichnet. Die Modellgenauigkeit wird über die Abweichung der einzelnen Systemzustände zwischen Modell und Realität bewertet.

Die **Vorhersagegenauigkeit** meint die Extrapolationsfähigkeit der Methode. Bei hoher Vorhersagegenauigkeit ist die Methode in der Lage, die Rundenzeiten bei veränderten Parametern vorherzusagen. Die Differenz zwischen tatsächlich gefahrener und berechneter minimaler Rundenzeit wird zur Bewertung der Vorhersagegenauigkeit verwendet.

Die **Aussagegenauigkeit** der Methode bezeichnet die Übereinstimmung der Berechnung mit dem realen Streckentest in Bezug auf die Rundenzeiteinflüsse der Parameter und damit der Optimalität eines Parametersatzes. Zur Bewertung der Aussagegenauigkeit wird der reale, im Streckentest optimierte Fahrzeugparametersatz mit dem rechnerisch optimalen Parametersatz verglichen.

Wie schon die Vorhersagegenauigkeit bewertet die Aussagegenauigkeit dieselbe Eigenschaft der Berechnungsmethode, die Beziehung zwischen Rundenzeit und Fahrzeugparametern korrekt darzustellen. Der Unterschied zur Vorhersagegenauigkeit ergibt sich aus der Art der Überprüfung des Kriteriums. Während die Vorhersagegenauigkeit die Möglichkeit der Berechnung bewertet, vom Parametersatz auf die Rundenzeit zu schließen, erlaubt eine hohe Aussagegenauigkeit einen Rückschluss von der Rundenzeit auf den optimalen Fahrzeugparametersatz.

Um das Ziel der Arbeit zu erreichen, ist sowohl eine hohe Vorhersagegenauigkeit als auch eine hohe Aussagegenauigkeit nötig. Eine hohe Präzision, Robustheit und Modellgenauigkeit sowie eine robustes Konvergenzverhalten sind notwendige Bedingung für eine realistische

[7] DIN 55350-13:1987-07, *Begriffe der Qualitätssicherung und Statistik - Begriffe zur Genauigkeit von Ermittlungsverfahren und Ermittlungsergebnissen* (1987).

Beschreibung des realen Fahrzeugverhaltens durch die Rundenzeitsimulation und damit notwendig für eine hohe Vorhersage- und Aussagegenauigkeit.

Um einen deutlichen Mehrwert durch die Anwendung der Berechnungsmethode zu erreichen, wird eine Vorhersage- und Aussagegenauigkeit benötigt, die geringer ist als die Genauigkeit im Streckentest. So ist es möglich, die Methode mit Vergleichen über Streckentests zu validieren und während des gesamten Entwicklungsprozesses, nicht nur in der Vorentwicklungsphase, sinnvoll einzusetzen. Das bedeutet, die Grenzwerte für die oben aufgeführten Kriterien werden über einen Vergleich mit Streckentests gebildet.

Die Genauigkeit von Rundenzeituntersuchungen im Streckentest wird durch die Toleranz des Streckentests eingeschränkt. Die Toleranz im Streckentest bezeichnet die Unsicherheit bezüglich der Rundenzeitaussage einer gefahrenen Runde. Als Toleranz wird der Wert der Standardabweichung zum Mittelwert der schnellsten 10 % der gesamten unter vergleichbaren Bedingungen gefahrenen Runden eines Streckentests bezeichnet. Die schnellsten 10 % werden als Referenz ausgewählt, da angenommen wird, dass in einer gezielten Parameterstudie die niedrigen Rundenzeiten umgesetzt werden. Bei einer Parameterstudie mit einem Rundenzeiteinfluss größer als der Wert der Standardabweichung, wird innerhalb weniger Runden über Mittelwertbildung ein Effekt sichtbar, da statistisch gesehen 68,5 % der gefahrenen Runden weniger als den Wert der Standardabweichung vom Mittelwert abweichen. Damit ist die Standardabweichung ein geeigneter Maßstab für die Toleranz im Streckentest.

Ein hoher Abstraktionsgrad in Modell- und Streckenbeschreibung ist nötig, um den numerischen Aufwand und den Aufwand zur Parameteridentifikation zu minimieren und resultiert in einer reduzierten Genauigkeit des Modells. Die Identifikation dieser Ungenauigkeiten wird durch eine zusätzliche Unschärfe bei wenig präzisem oder robustem Verhalten der Berechnungsmethode erschwert, da es möglich ist, dass sich Effekte gegenseitig kompensieren. Daher wird die Anforderung formuliert, dass die Unschärfe durch mangelnde Präzision oder Robustheit deutlich geringer ist als die Toleranz bei Streckentests.

1.3 Aufbau der Arbeit und Methodik

Aufbauend auf den Zielen der Arbeit wird top-down aus der Analyse der Problemstellung schrittweise – wie in Abbildung 1.2 dargestellt – eine Methode zur Berechnung der minimalen Rundenzeit definiert, entwickelt und zur Bewertung der transienten Rundenzeiteinflüsse verwendet. An dieser Vorgehensweise orientieren sich auch Gliederung und Aufbau der Arbeit. Fremde Untersuchungen und Hilfsmittel sind in der Abbildung schwarz hinterlegt.

Aus dem Stand der Technik und Forschung wird in Kapitel 2 unter Berücksichtigung der Anforderung aus Kapitel 1.2 die Zielsetzung konkretisiert. Dazu werden die aktuell zur Rundenzeitsimulation verwendeten Methoden beschrieben, um ihre Vor- und Nachteile zu analysieren. Über einen Abgleich mit Zielsetzung und Anforderung an die Methode werden die verschiedenen Möglichkeiten zur Rundenzeitberechnung diskutiert und die Entwicklungsvorgabe über die Rahmenbedingungen und Verfeinerung der Zielsetzung konkretisiert.

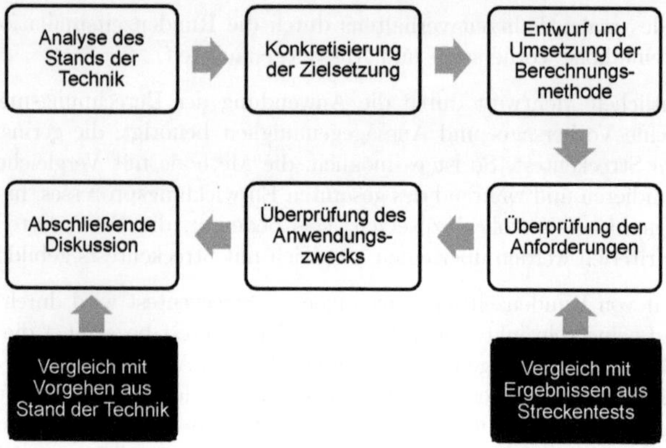

Abbildung 1.2: Methodik des Vorgehens zur Entwicklung der Berechnungsmethode. Hilfsmittel sind mit dunklem Hintergrund dargestellt.

In Kapitel 3 wird aus den Erkenntnissen des Stands der Technik die verwendete Berechnungsmethode entwickelt. Dazu wird diese erst allgemein formuliert und die Grenzen der Anwendbarkeit werden beschrieben, um die Methode anschließend auf die Berechnung der minimalen Rundenzeit anzuwenden. In Kapitel 4 werden der genaue Modellumfang der transienten Fahrzeugbeschreibung und die Umsetzung der Berechnungsmethode beschrieben.

Anschließend wird in Kapitel 5 überprüft, ob die Berechnungsmethode den Anforderungen aus den Bewertungskriterien entspricht, indem die Toleranz bewertet wird, die aus Präzision, Robustheit und Konvergenzverhalten resultiert. Anschließend erfolgt ein Abgleich mit Streckentestdaten, um die Genauigkeit des Fahrzeugmodells zu überprüfen. Außerdem werden die Vorhersage- und Aussagegenauigkeit der Berechnungsmethode beschrieben. Als Referenz dazu dienen im Streckentest aufgenommene Versuchsdaten.

Mit der validierten Berechnungsmethode wird das Anwendungsziel – die Interaktion aus transientem Fahrzeugverhalten und minimaler Rundenzeit – untersucht und in Kapitel 6 beschrieben. Dazu werden verschiedene Rundstrecken und Umgebungsbedingungen untersucht sowie einzelne Modellierungsebenen gezielt abgeschaltet. Weiterhin werden der rundenzeitoptimale Bereich der Fahrzeugparametrierung identifiziert und der Einfluss von verschiedenen Strecken auf die Fahrzeugparametrierung dargestellt.

In der Diskussion in Kapitel 7 werden die vorgestellten Ergebnisse hinsichtlich der gewünschten Untersuchungsziele bewertet und unter den vollzogenen Annahmen kritisch betrachtet. Die Übertragbarkeit der Ergebnisse sowie deren Einschränkungen werden diskutiert. Weiterhin wird der Mehrwert im Vergleich zu den im Stand der Technik vorgestellten Methoden bewertet. Aus dieser Betrachtung ergeben sich die weiteren Entwicklungsschritte, die als Ausblick formuliert werden.

1.4 Begriffe und Definitionen

Neben den im vorherigen Kapitel definierten Begriffen **Präzision**, **Robustheit**, **Konvergenz**, **Toleranz**, **Modellgenauigkeit**, **Vorhersagegenauigkeit** und **Aussagegenauigkeit** werden folgende alphabetisch aufgeführte Begriffe in der Arbeit verwendet:

Basisparameter bezeichnet die Fahrzeugparameter, die wesentlichen Einfluss auf die minimale Rundenzeit eines Fahrzeugs haben. Es handelt sich um Motorleistung, Fahrzeugmasse, Reifenreibungskoeffizient, aerodynamischen Abtrieb und Luftwiderstand[8].

Beschleunigungsphase bezeichnet den Bereich der Geschwindigkeitstrajektorie einer Rennrunde zwischen Scheitelpunkt und Bremspunkt. Ein Rennfahrzeug befindet sich während einer Rennrunde entweder in der Beschleunigungsphase oder in der Bremsphase.

Bremsphase bzw. **Bremsung** bezeichnet den Bereich der Geschwindigkeitstrajektorie einer Rennrunde zwischen Bremspunkt und Scheitelpunkt.

Bremspunkt bezeichnet ein lokales Maximum der Geschwindigkeitstrajektorie, da in einer Rennrunde die Geschwindigkeit nur reduziert wird, um eine Kurve zu durchfahren.

Fahrzeugparametersatz bezeichnet alle Größen des Fahrzeugs, die für die Modellierung des Fahrzeugs in der virtuellen Testumgebung nötig sind. Als **Fahrzeugparameter** $\mathcal{P}$ wird dementsprechend allgemein eine Größe der Modellbeschreibung des Fahrzeugs bezeichnet. Als (rundenzeit-)optimaler Fahrzeugparameter wird ein Parameter dann bezeichnet, wenn dessen aktueller Wert zur Minimierung der Rundenzeit führt.

Maximales Fahrzeugpotential bzw. **maximales Fahrzeugbeschleunigungspotential** bezeichnet die theoretische, maximal umsetzbare Beschleunigung eines Fahrzeugs, die über die Kraftschlussgrenzen der Reifen, die Motorleistung sowie die maximale Bremskraft begrenzt ist.

Minimale Rundenzeit bezeichnet die geringste von einem Fahrzeug erreichbare ideale Rundenzeit. Sie wird ohne den Einfluss anderer Fahrzeuge, bei trockener, sauberer Fahrbahn, minimaler Betankungsmenge und neuen Reifen gemessen.

Rennrunde bezeichnet eine auf der Rundstrecke gefahrene Runde mit dem Ziel, die minimale Rundenzeit umzusetzen. Sie wird durch das Überqueren der Start-Ziel-Gerade eingeleitet und beendet.

Rundenzeitsensitivität bezeichnet den Einfluss eines Fahrzeugparameters auf die Rundenzeit. Sie wird entweder direkt mit der Rundenzeitveränderung oder mit dem Sensitivitätsindex beschrieben. Der Sensitivitätsindex wird in Kapitel 6 definiert. Die Kenntnis der minimalen Rundenzeit ist Voraussetzung zur Bestimmung der Rundenzeitsensitivität.

Scheitelpunkt bezeichnet ein lokales Minima der Geschwindigkeitstrajektorie. Der Scheitelpunkt befindet sich in der Nähe des Krümmungsmaximums einer Kurvendurchfahrt.

[8] Vgl. Kapitel 2.5.

Start-Ziel-Linie bezeichnet den örtlichen Startpunkt und damit gleichzeitig den Endpunkt einer Rennrunde auf der Rundstrecke.

Statisches Fahrzeugverhalten bezeichnet das Fahrzeugverhalten, das aus einer ausschließlichen Betrachtung der stationär eingeschwungenen Zustände des Fahrzeugs resultiert. Das statische Fahrzeugverhalten wird zur Berechnung der minimalen Rundenzeit in der quasistatischen Rundenzeitsimulation verwendet[9].

Streckentest bezeichnet eine eventuell über mehrere Tage andauernde Erprobungsfahrt eines Rennfahrzeugs auf einer Rennstrecke mit dem Ziel, die minimale Rundenzeit umzusetzen bzw. durch Anpassung der Fahrzeugparameter zu reduzieren. So wird z. B. eine Dauerlauferprobung auch als Streckentest bezeichnet, wenn die Runden mit dem Ziel gefahren werden, die minimale Rundenzeit zu erreichen. Der Rundenzeiteinfluss durch nicht minimale Betankungsmenge und eventuell gebrauchte Reifen wird rechnerisch über empirisch ermittelte Rundenzeitsensitivitäten kompensiert.

Transientes Fahrzeugverhalten bezeichnet das durch die transienten Zustände der Systembeschreibung verursachte Fahrzeugverhalten und steht im Gegensatz zum statischen Fahrzeugverhalten.

[9]Vgl. Kapitel 2.2.

2 Stand der Technik und Forschung

Erste Untersuchungen im Bereich der Rundenzeitberechnung gehen bis in die 50er-Jahre des 20. Jahrhunderts zurück[10]. Moss und Pomeroy beschreiben die bei Mercedes-Benz zur Bestimmung der erwarteten Kurvengeschwindigkeiten und Motordrehzahlen angewendeten Methoden. Rundenzeitsimulation wird zwischen 1954 und 1956 auch zur Streckenauslegung verwendet, um für die fertige Rundstrecke einen bestimmten Rundenzeitdurchschnitt zu erreichen[11]. Die Strecke wird dabei in Geraden und Kurven mit konstantem Radius aufgeteilt, das Fahrzeug wird als Punktmasse beschrieben. Die Kurvengeschwindigkeiten werden mithilfe des maximalen Querkraftpotentials nach $v = \sqrt{a_{y,max} \cdot r}$ berechnet. Ausgehend von den Kurven wird der Rest der Runde analytisch berechnet. Da die Radlast ohne aerodynamischen Abtrieb konstant bleibt, bestimmt der Reibungskoeffizient der Reifen das Quer- und Längskraftpotential, wobei der Motor die maximale Längskraft zusätzlich beschränkt. Aufgrund der Einfachheit der Zusammenhänge können diese Rechnungen noch per Hand durchgeführt werden.

Komplexere Fahrzeugmodelle, die zur Beschreibung des realen Fahrzeugverhaltens verwendet werden, sind geschwindigkeitsabhängig, nichtlinear und transient[12]. Zur Berechnung der Rundenzeit werden daher numerische, computergestützte Berechnungsmethoden eingesetzt. Die Arbeiten zur numerischen Rundenzeitsimulation konzentrieren sich im Wesentlichen auf die Bereiche der quasistatischen (qs) Rundenzeitsimulation, die Anwendung numerischer Optimierungsmethoden oder der Rundenzeitberechnung mithilfe eines modellierten Fahrerreglers. Die Ansätze werden auch kombiniert, um die Vor- und Nachteile der unterschiedlichen Methoden auszugleichen.

2.1 Optimale Steuerung und numerische Optimierung

Die minimale Rundenzeit eines Fahrzeuges ergibt sich aus dem Verhältnis geringster zurückgelegter Fahrstrecke zu maximaler mittlerer Fahrgeschwindigkeit, wobei sich Fahrlinie und maximal mögliche Fahrgeschwindigkeit gegenseitig beeinflussen. Bei der zeitminimalen Trajektorienplanung für ein Rennfahrzeug auf der Rundstrecke handelt es sich um ein Problem der optimalen Steuerungstechnik: Für ein bestimmtes Fahrzeug und eine festgelegte Strecke werden die Steuergrößen $u(t)$ bestimmt, die ein zeitminimales Durchfahren bei Einhaltung der Streckenbegrenzung ermöglichen.

[10] Vgl. Moss und Pomeroy, *Design and Behaviour of the Racing Car* (1963) nach Casanova, „On Minimum Time Vehicle Manoeuvring: The Theoretical Optimal Lap" (2000), S. 1-2.

[11] Milliken und Milliken, *Race Car Vehicle Dynamics* (1995), S. 340-341.

[12] Vgl. Beschreibung der Längs-, Quer-, und Vertikaldynamik von Mitschke, *Dynamik der Kraftfahrzeuge* (2004).

Optimale Steuerungsprobleme werden üblicherweise über Methoden der Variationsrechnung behandelt oder beruhen auf der Lösung der partiellen Hamilton-Jacobi-Bellman-Gleichung[13]. Ein nichtlineares Randwertproblem, das durch die Variationsrechnung aus Pontrjagins Minimalprinzip hergeleitet wird, kann in besonderen Fällen analytisch über ein optimales Regelgesetz allgemein nur über numerische Methoden gelöst werden[14]. Numerische Methoden der optimalen Steuerung werden in direkte und indirekte Methoden unterteilt. Indirekte Verfahren erfordern das Lösen des Randwertproblems für gewöhnliche Differenzialgleichungen. Direkte Verfahren übertragen das Optimalsteuerungsproblem in ein Problem der numerischen Optimierung[15]. Bei den direkten Schießverfahren werden nur die Steuergrößen diskretisiert, bei den direkten Kollokationsverfahren werden sowohl Steuerungsvariable als auch Zustände des Systems diskretisiert.

Erste Untersuchungen arbeiten noch mit einfachen Modellen und beschränken sich auf einzelne Manöver. Metz und Williams[16] entwickeln aus der optimalen Steuerung einen Quasioptimierungsansatz für ein Zweispurmodell mit vereinfachter Reifenbeschreibung, um bei festgelegter Fahrlinie für einen ausgewählten Streckenabschnitt der Rennstrecke Paul Ricard ein zeitminimales Geschwindigkeitsprofil zu erstellen. Die Autoren vergleichen das Ergebnis mit realen Fahrzeugdaten, dabei kommen sie u. a. zu dem Ergebnis, dass sich professionelle Rennfahrer nahe an der optimierten Steuerstrategie bewegen. Zur Berechnung bei frei wählbarer Fahrlinie verwenden Fujioka und Kimura[17] ein Einspurmodell mit drei Freiheitsgraden. Sie ermitteln die zeitminimale Trajektorie für die Durchfahrt einer Haarnadelkurve mithilfe des „Sequential Conjugate Gradient Restoration"-Algorithmus[18]. Der Lösungsalgorithmus bestimmt sowohl die Zustände des Systems $x(t)$ als auch die Steuerungsvariablen $u(t)$ anhand einer definierten Kostenfunktion, unter Einhaltung bestimmter Randbedingungen. Die Kostenfunktion entspricht in diesem Fall dem Integral der Zeit, die Randbedingungen sind die Streckengrenzen. Fujioka und Kimura vergleichen verschiedene Antriebs- und Lenkkonzepte sowie unterschiedliche Achslastverteilungen. Das Fahrzeugverhalten weist die von den Autoren erwarteten Unterschiede auf, wird aber nicht weiter bewertet. La Joie[19] bearbeitet das Randwertproblem direkt über eine Aufteilung in quasi-dynamische Abschnitte, die mit einem Quasi-Newton-Verfahren gelöst werden. Die Optimierungsmethode wird vom Autor grundsätzlich als geeignet erachtet, wobei die Modellvereinfachungen teilweise als zu weitgehend bewertet werden. Hendrikx, Meijlink und Kriens[20] lösen das optimale Steuerungsproblem mithilfe eines Gradientenverfahrens[21]. Sie verwenden ein ebenes Zweispurmodell mit drei Freiheitsgraden sowie nichtlinearer Reifenkennlinie, um das zeitminimale Steuerungsverhalten verschiedener Fahrzeugkonfigurationen für einen Spurwechsel zu untersuchen. Sie empfehlen die Vorgehensweise für die Ver-

[13]Vgl. Butz, *Optimaltheoretische Modellierung und Identifizierung von Fahrereigenschaften* (2005), S. 12.
[14]Vgl. Kirk, *Optimal Control Theory: An Introduction* (1970), S. 329.
[15]Eine Übersicht über numerische Optimierung geben Nocedal und Wright, *Numerical Optimization* (2006).
[16]Metz und Williams, „Near Time-optimal Control of Racing Vehicles" (1989).
[17]Fujioka und Kimura, „Numerical Simulation of Minimum-Time Cornering Behavior" (1992).
[18]Wu und Miele, „Sequential Conjugate Gradient Restoration Algorithm for Optimal Control Problems with General Boundary Conditions" (1978).
[19]La Joie, *Race Car Performance Optimization* (1994).
[20]Hendrikx, Meijlink und Kriens, „Application of Optimal Control Theory to Inverse Simulation of Car Handling" (1996).
[21]Kirk, *Optimal Control Theory: An Introduction* (1970), S. 329-409.

wendung der optimalen Steuerungstechnik für die zeitminimale Manöverberechnung mit nichtlinearen Fahrzeugmodellen. Pasquotti[22] erarbeitet einen schematischen Lösungsansatz zur zeitminimalen Trajektorienplanung durch direkte pseudospektrale Kollokation[23] für einzelne Kurvenmanöver, setzt ihn aber nicht um.

Die bisher beschriebenen Untersuchungen zeigen über die verschiedenen Lösungsmöglichkeiten das Potential der optimalen Steuerung für die Verwendung zur Rundenzeitberechnung anhand relativ einfacher Modelle auf kurzen Streckenabschnitten. Durch Verwendung eines komplexen Fahrzeugmodells oder durch die Erweiterung auf die vollständige geschlossene Rundstrecke steigt die Anforderung an das Lösungsvorgehen des Optimierungsproblems deutlich.

Velenis[24] verwendet direkte Kollokation in Kombination mit nichtlinearer Programmierung[25] als Optimierungsalgorithmus, um aus der zeitminimalen Lösung für ein Einspurmodell einen semianalytischen Ansatz zur Rundenzeitberechnung abzuleiten. Dabei wird ein physikalisches Reifenmodell entwickelt, um die Singularitäten der empirischen Reifenmodelle zu vermeiden und die dynamischen Reifenzustände besser zu beschreiben. Die Lösung wird zur Berechnung des optimalen Geschwindigkeitsprofils auf der Rundstrecke in Silverstone verwendet und mit realen Fahrzeugdaten abgeglichen[26]. Den Autoren zufolge liegt der Vorteil gegenüber anderen Vorgehensweisen der optimalen Steuerung in der Echtzeitfähigkeit der Lösung. Damit wird es möglich, die Berechnung z. B. als Vorsteuerung innerhalb eines Regelungssystems im realen Fahrzeugbetrieb zu verwenden. Der semianalytische Ansatz ermöglicht Echtzeitfähigkeit und vermeidet die Konvergenz zu lokalen Optima, wodurch die Robustheit der Vorgehensweise erhöht wird. In weiteren Untersuchungen wird die numerische Optimierung der Untersuchung weiterentwickelt und auf verschiedene Manöver angewandt. Die Auswirkungen unterschiedlicher Kostenfunktionen auf die optimale Trajektorie werden untersucht, wobei sich laut der Autoren die verschiedenen, im Motorsport verbreiteten Fahrtechniken nachstellen lassen[27]. Die Position des Kurvenscheitelpunkts wird untersucht, dabei wird ein Fahrzeug der Rallye-Kategorie[28] mit einem Reibungskoeffizienten auf unbefestigter Fahrbahn von $\mu = 0{,}5$ verwendet[29]. Für die unterschiedlichen untersuchten Kurvenradien und Längen erweist sich ein spät gesetzter Kurvenscheitelpunkt von Vorteil. Weiterhin wird die Möglichkeit des frühzeitigen Eindrehens des Fahrzeugs für enge Kurven bei geringen Reibungskoeffizienten untersucht und als positiv zur Minimierung der Manöverzeit bewertet[30]. Jain, Tsiotras und Velenis[31]

[22]Pasquotti, „Topics on Optimization Strategies for Constrained Mechanical Systems“ (2008), S. 47-65.

[23]Ross und Fahroo, „Legendre Pseudospectral Approximations of Optimal Control Problems“ (2003).

[24]Velenis, „Analysis and Control of High-Speed Wheeled Vehicles“ (2006).

[25]Gill u. a., *User's Guide for NPSOL (version 5.0)* (1998).

[26]Velenis und Tsiotras, „Minimum-Time Travel for a Vehicle with Acceleration Limits: Theoretical Analysis and Receding Horizon Implementation“ (2008).

[27]Velenis und Tsiotras, „Minimum Time vs Maximum Exit Velocity Path Optimization During Cornering“ (2005).

[28]Beschreibung der verschiedenen Rennfahrzeugkategorien erfolgt bei Trzesniowski, *Rennwagentechnik* (2008).

[29]Velenis, Tsiotras und Lu, *Trail-Braking Driver Input Parameterization for General Corner Geometry* (2008).

[30]Velenis, Tsiotras und Lu, „Modeling Aggressive Maneuvers on Loose Surfaces: The Cases of Trail-Braking and Pendulum-Turn“ (2007).

[31]Jain, Tsiotras und Velenis, „Optimal Feedback Velocity Profile Generation for a Vehicle with Given Acceleration Limits: A Level Set Implementation“ (2008).

lösen die Hamilton-Jacobi-Bellman-Gleichung des Optimierungsproblems mit einer Level-Set-Methode[32] und vergleichen diese mit dem semianalytischen Ansatz von Velenis, um daraus eine echtzeitfähige Geschwindigkeitsplanung zu entwickeln.

Die im vorherigen Absatz vorgestellten Arbeiten untersuchen die Trajektorienplanung für die gesamte Strecke. Zur Erhöhung der numerischen Effizienz bei gleichzeitig verbesserter Robustheit werden Vereinfachungen oder Generalisierungen in der Modellbeschreibung in Kauf genommen. Optimale Steuerung wird auch auf komplexere Fahrzeugmodelle angewandt.

Casanova[33] beschreibt eine Vorgehensweise, die direkte Methoden der optimalen Steuerungstechnik auf die komplette Rundstrecke anwendet. Dabei wird das Fahrzeug als nichtlineares Zweispurmodell mit sieben Freiheitsgraden und nichtlinearem Reifenverhalten beschrieben. Casanova überträgt das optimale Steuerungsproblem durch direkte Transkription in ein nichtlineares Optimierungsproblem, das mithilfe sequentiell quadratischer Programmierung[34] und automatischer Differenzierung[35] gelöst wird. Die Ableitung der Zustände des Systems über automatische Differenzierung hilft, die Rechenzeit gegenüber der Berechnung mit Differenzenquotienten auf ein Zehntel zu reduzieren. Trotzdem ergibt sich für die zeitminimale Lösung eine Rechenzeit von über 24 Stunden[36] für die komplette Runde. Casanonva untersucht die zeitminimale Lösung der Trajektorienplanung für verschiedene Strecken und Fahrzeugparametersätze, wobei die Abhängigkeit von der Startlösung und der Diskretisierung der Steuerpunkte deutlich wird. Die von Casanova beschriebene Vorgehensweise wird verwendet, um den Einfluss von unterschiedlichen Gierträgheiten zu untersuchen[37]. Anhand eines Spurwechseltests wird festgestellt, dass die Gierträgheit keinen nachweisbaren Einfluss auf die zeitminimale Lösung hat. Weiterhin wird die Methode auf verschiedene Untersuchungen zur Fahrzeugmasse angewandt. Zum einen wird die Auswirkung der statischen Achslastverteilung[38], zum anderen der Einfluss der Gesamtmasse[39] auf die Rundenzeit untersucht. Die Rundenzeitsensitivität dieser beiden Fahrzeugparameter liegt im Zehntelsekundenbereich und wird im Gegensatz zur Gierträgheit als relevant für die Bewertung des Fahrzeugs erachtet. Die Toleranz zwischen bester und schlechtester Lösung bei vier Durchläufen mit unterschiedlichen Startwerten beträgt 0,1 Sekunden, auf einer 80 Sekunden langen Runde in Barcelona.

Kelly[40] verwendet ebenfalls direkte Methoden der optimalen Steuerung für die zeitminimal Fahrlinien- und Geschwindigkeitsplanung eines Zweispurmodells, das Vertikaldynamik sowie zeitvariantes Reifenverhalten abbildet. Während die Methode von Casanova für ein

[32]Osher und Fedkiw, *Level Set Methods and Dynamic Implicit Surfaces* (2003).

[33]Casanova, „On Minimum Time Vehicle Manoeuvring: The Theoretical Optimal Lap“ (2000).

[34]Gill, Murray und Saunders, „SNOPT: An SQP Algorithm for Large-Scale Constrained Optimization“ (2002).

[35]Griewank und Walther, *Evaluating Derivatives: Principles and Techniques of Algorithmic Differentiation* (2008).

[36]Es werden pro Lösung vier verschiedene Startlösungen untersucht. Je Durchgang zwischen sieben und zehn Stunden Rechenzeit auf einer Unix Workstation mit Alpha Digital EV6 700 MHz Prozessor.

[37]Casanova, Sharp und Symonds, „Minimum Time Manoeuvring: The Significance of Yaw Inertia“ (2000).

[38]Casanova, Sharp und Symonds, „On the Optimisation of the Longitudinal Location of the Mass Centre of a Formula One Car for two Circuits“ (2002).

[39]Casanova, Sharp und Symonds, „Sensitivity to Mass Variations of the Fastest Possible Lap of a Formula One Car“ (2001).

[40]Kelly, „Lap Time Simulation with Transient Vehicle and Tyre Dynamics“ (2008).

spezifisches Fahrzeugmodell entworfen wurde, beschreibt Kelly eine vergleichbare Vorgehensweise, die mit beliebigen Fahrzeugmodellen arbeitet. Diese Anforderung erhöht den Anwendungsbereich der Methode, wirkt sich aber nachteilig auf die Rechenzeit aus, die mit acht Stunden [41] für eine komplette Rennrunde angegeben wird. Kelly erhöht die Robustheit durch Verwendung von Stabilitätskriterien, die das durch einen menschlichen Fahrer tolerierbare instabile Verhalten des Fahrzeugs nachstellen. Diese Stabilitätskriterien halten den Optimierungsalgorithmus davon ab, im unrealistischen nichtlinearen Lösungsraum nach Ergebnissen zu suchen. Der nichtlineare Lösungsraum, also z. B. starkes Über- oder Untersteuern, ist für den Autor auch Hauptursache für nicht konvergentes Verhalten während der Optimierung. Daher stellt der so genannte cfsqp-Optimierungsalgorithmus[42] in jedem Schritt die Lösbarkeit der Zwangsbedingung sicher. Aufgrund des unbekannten Fahrzeugmodells werden die Ableitungen der Zwangsbedingungen und Zielfunktion über Differenzenquotienten gebildet. Kelly analysiert die Rundenzeiteinflüsse von Parametern die thermomechanisches Reifenverhalten sowie Vertikaldynamik des Fahrzeugs beeinflussen und identifiziert besonders das thermomechanische Reifenverhalten als wesentlichen Einflussfaktor auf die minimal mögliche Rundenzeit. Kelly vergleicht die Optimalsteuerungslösung mit einer quasistatischen Methode und kommt zu dem Ergebnis, dass die Lösungen vergleichbar sind für die Bereiche, in denen die quasistatische Lösung anwendbar ist. Neben den Zusammenhängen zwischen Fahrzeugparametern, Fahrlinie und Rundenzeit wird eine starke Wechselwirkung zwischen den eingeführten Stabilitätskriterien und der Rundenzeit festgestellt.

Während die ersten Untersuchungen noch verschiedene Ansätze der optimalen Steuerungstechnik verwenden, werden bei den neueren Arbeiten hauptsächlich direkte Methoden in Kombination mit nichtlinearer Programmierung eingesetzt. Gustafsson[43] beschreibt eine Implementierung von Ipopt[44] zur Lösung der Pfadplanung mit optimaler Steuerung. Dazu verwendet er wie Casanova ein Fahrzeugmodell mit sieben Freiheitsgraden. Er vergleicht verschiedene Fahrzeugkonfigurationen auf verschiedenen Strecken, führt aber einen Strafterm zur Sicherstellung der Robustheit der Lösung ein. Mavroudakis[45] verwendet quasistatische und optimalsteuerungsbasierte Trajektorienplanung, um den Rundenzeiteinfluss eines zwischen Roll- und Hubbewegung entkoppelten Fahrwerkssystems zu bewerten, was für den Autor einen deutlichen Rundenzeitgewinn verspricht. Für Mavroudakis rechtfertigt der zusätzliche Informationsgehalt der Optimalsteuerungslösung den numerischen Aufwand gegenüber einer quasistatischen Lösung.

Zur Lösung der Geschwindigkeitsplanung bei frei gegebener Fahrlinie verwendet die Mehrheit der Autoren direkte Transkriptionsverfahren. Insbesondere direkte Kollokation, häufig in Kombination mit sequentieller quadratischer Programmierung, aber auch andere teilweise gradientenfreie Optimierungsalgorithmen werden verwendet. Die Methode ist besonders für einfache Manöver und einfache Fahrzeugmodelle robust umsetzbar. In den Arbeiten,

[41] Workstation mit Intel T7700 2,4 GHz Prozessor.

[42] Lawrence, Zhou und Tits, *User's Guide for CFSQP Version 2.5: A C Code for Solving (Large Scale) Constrained Nonlinear (Minimax) Optimization Problems, Generating Iterates Satisfying All Inequality Constraints* (1997).

[43] Gustafsson, *Computing The Ideal Racing Line Using Optimal Control* (2008).

[44] Wächter, Laird und Kawajir, *Introduction to Ipopt: A Tutorial for Downloading, Installing and Using Ipopt* (2010).

[45] Mavroudakis, *About the Simulations of Formula 1 Racing Cars* (2011).

die sich mit komplexeren Modellen befassen, wird der hohe rechnerische und zur Erstellung der Methodik nötige Aufwand deutlich.

Numerische Optimierung wird auch zur reinen Fahrlinienoptimierung eingesetzt. Die Geschwindigkeitsplanung übernimmt dann ein anderes Verfahren. Durch den Wegfall der Differentialgleichungen als Nebenbedingung wird numerische Optimierung ohne vorherige Transkription eingesetzt. Tipping, Hatton und Herbrich[46] beschreiben verschiedene Konzepte zur Durchführung einer Fahrlinienoptimierung. Dabei wird u. a. vorgeschlagen, die Fahrlinie über den Abstand von der Fahrbahnmitte zu diskretisieren und mithilfe nichtlinearer Programmierung zu optimieren. Cardamone u. a.[47], Mühlmeier und Müller[48] sowie Gadola u. a.[49] optimieren in ihren Arbeiten die Fahrlinie mit genetischen Optimierungsalgorithmen. Cardamone u. a. berechnen die optimale Fahrline als Kompromiss aus minimaler Krümmung und minimalem Weg. Mühlmeier und Müller verwenden zur Optimierung der Fahrlinie eine Punktmasse mit vorgegebenen Beschleunigungsgrenzen. Gadola u. a. arbeiten mit einer quasistatischen Rundenzeitsimulation mit Zweispurmodell.

2.2 Quasistatische Rundenzeitsimulation

Statische und quasistatische Rundenzeitsimulation betrachten den eingeschwungenen Zustand der Systembeschreibung, um das maximale Quer- und Längsbeschleunigungspotential des Fahrzeugs zu berechnen. Statische Methoden sind oft einfache Approximationen, die auch per Handrechnung gelöst werden[50]. Bei quasistatischen Methoden werden die stationären Zustände in kleinen Zeitschritten aneinander gehängt, um sich an die dynamische Lösung anzunähern. Das bedeutet, die über die Wegstrecke definierte Geschwindigkeit $v(s(t))$ ist der einzige von der Zeit abhängige Zustand des Systems. Die statischen und quasistatischen Rundenzeitsimulationen arbeiten mit einer vorgegebenen Fahrlinie. Daher werden sie mit numerischen Optimierungsmethoden kombiniert, wenn die vollständige Trajektorienplanung gewünscht ist[51].

Durch die isolierte Betrachtung jedes Zeitschritts reduziert sich die Ordnung des Optimierungsproblems[52]. Ausgehend vom langsamsten Punkt der Geschwindigkeitstrajektorie, dem Scheitelpunkt, wird die Lösung unter Ausnutzung des maximalen Fahrzeugpotentials entwickelt. Dazu wird das maximale Fahrzeugpotential in jedem Schritt berechnet. Wenn das Fahrzeugmodell nicht invertierbar ist, wird ein Optimierungsalgorithmus zur Bestimmung des maximalen Längs- und Querkraftpotentials verwendet. Es werden ähnliche nichtlineare Optimierungsmethoden eingesetzt, wie sie auch bei den direkten Methoden der Optimalsteuerung verwendet werden. In der optimalen Steuerung werden einzelne große, dünn besetzte Strukturen gelöst, für die Berechnung des Fahrzeugpotentials hingegen werden mehrere dicht besetzte, kleine Programme berechnet.

[46]Tipping, Hatton und Herbrich, *Racing line optimization* (2007).
[47]Cardamone u. a., „Searching for the Optimal Racing Line Using Genetic Algorithms“ (2010).
[48]Mühlmeier und Müller, „Optimization of the driving line on a race track“ (2002).
[49]Gadola u. a., *A tool for lap time simulation* (1996).
[50]Milliken und Milliken, *Race Car Vehicle Dynamics* (1995), S. 340-341.
[51]Vgl. Kapitel 2.1
[52]Vgl. Kapitel 3.3.

Die ersten Untersuchungen basieren auf statischen Untersuchungen des Fahrzeugs. Dominy und Dominy[53] beschreiben eine einfache stationäre Abschätzung der minimalen Rundenzeit eines Formel 1 Fahrzeugs. In der Untersuchung werden die Einflüsse von Motorleistung, aerodynamischem Abtrieb und Luftwiderstand bewertet. McNay und Southwick[54] beschreiben eine speziell für Fahrzeuge der Indycar Rennserie entworfene, Fortran basierte, stationär arbeitende Rundenzeitberechnung. Dazu wird das Problem auf eine eindimensionale Optimierung reduziert und mit nichtlinearer Programmierung gelöst. Siegler, Deakin und Crolla[55] vergleichen statische, quasistatische und transiente Simulation. Die Autoren kommen zu dem Ergebnis, dass die statische Simulation, im Gegensatz zu den anderen beiden Vorgehensweisen aufgrund des als konstant angenommenen Kurvenradius, nur mit Einschränkung zur Rundenzeitbewertung geeignet ist.

Die im vorherigen Absatz aufgeführten Untersuchungen zeigen die Anwendungsmöglichkeiten und Grenzen der rein stationären Rundenzeitsimulation. Milliken und Milliken[56] beschreiben die Entstehung und Weiterentwicklung einer kommerziellen quasistatischen Simulationsumgebung seit 1982. Am Anfang wird als Ersatzsystem für das Fahrzeug mit einer einfachen Punktmasse gearbeitet. Um die Ergebnisse zu verbessern, wird die Berechnung auf ein Einspurmodell und anschließend auf ein Zweispurmodell erweitert. Das Massenpunktmodell wird weiterhin zur Berechnung der optimalen Fahrlinie verwendet. Basis für die Berechnung in Milliken und Milliken ist ein GG-Diagramm, ähnlich wie in Abbildung 2.1, in dem geschwindigkeitsabhängig die maximal übertragbare Quer- und Längsbeschleunigung abgebildet ist.

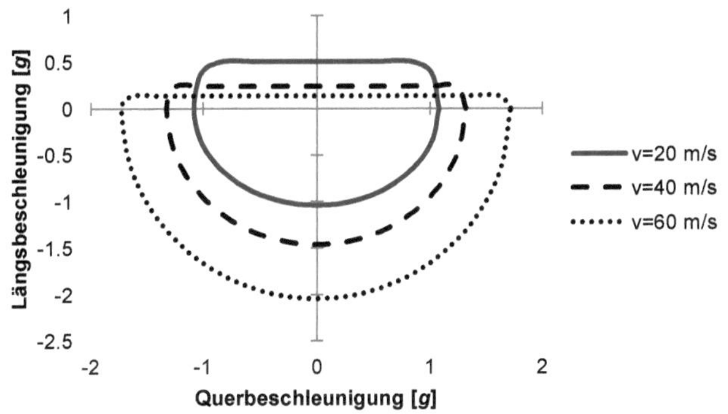

Abbildung 2.1: Geschwindigkeitsabhängiges GG-Diagramm zur Darstellung des maximale Beschleunigungspotentials eines Fahrzeugs[57].

[53]Dominy und Dominy, „Aerodynamic Influences on the Performance of the Grand Prix Racing Car“ (1984).

[54]McNay und Southwick, *An Approximate Lap Time Minimization Based on Indy Style Racing Car Geometry* (1991).

[55]Siegler, Deakin und Crolla, *Lap Time Simulation: Comparison of Steady State, Quasi- Static and Transient Racing Car Cornering Strategies* (2000).

[56]Milliken und Milliken, *Race Car Vehicle Dynamics* (1995), S. 341.

[57]Nach Brayshaw und Harrison, „A quasi steady state approach to race car lap simulation in order to understand the effects of racing line and centre of gravity location“ (2005).

Thomas u. a.[58] verwenden die von Milliken und Milliken beschriebene Rundenzeitsimulation zur Untersuchung verschiedener Parametersensitivitäten für Fahrzeuge der amerikanischen Tourenwagenserie NATCC. Die Untersuchung zeigt die Einflüsse von Schwerpunkthöhe, Achslastverteilung, Aerodynamikvariation, Sturzänderungen und Variationen der Rollmomentabstützung. Die Daten werden zur Validierung mit Streckendaten verglichen und die Ergebnisse diskutiert. Dabei wird die Methode als geeignet beurteilt, um die Leistungsfähigkeit des Fahrzeug zu bewerten.

Die beschriebenen Arbeiten zeigen, dass quasistatische Rundenzeitsimulation besonders wegen ihrer numerischen Effizienz und einfachen Formulierung verwendet wird. Aufgrund der Robustheit und Effizienz ist das Vorgehen auch bei den kommerziellen Anbietern stark verbreitet[59]. Von den kommerziellen Softwareherstellern gibt es zu den verwendeten Algorithmen wenig Informationen.

Obwohl die grundsätzliche Vorgehensweise im Bereich der quasistatischen Rundenzeitsimulation bereits ausgearbeitet ist, beschäftigen sich auch neuere Arbeiten mit der Anwendung und Erweiterung der quasistatischen Vorgehensweise. Candelpergher, Gadola und Vetturi[60] verwenden ein geschwindigkeitsabhängiges GG-Diagramm zur quasistatischen Rundenzeitsimulation. Zur Berechnung des GG-Diagramms wird das Beschleunigungspotential für ein Fahrzeugmodell mit nichtlinearer Reifenkennlinie und linearer Beschreibung der Fahrwerkskinematik, der Federhärten und des aerodynamischen Abtriebs ermittelt. Durch die Vorgehensweise ist eine numerisch effiziente Rundenzeitberechnung möglich, trotzdem empfehlen die Autoren für eine Weiterentwicklung die Integration einer nichtlinearen Fahrzeugbeschreibung, um die Ergebnisse zu verbessern.

Brayshaw[61] verwendet ebenfalls eine quasistatische Rundenzeitsimulation, basierend auf einem geschwindigkeitsabhängigen GG-Diagramm. Die geringe Rechenzeit der quasistatischen Lösung wird ausgenutzt, um die zeitminimalen Fahrzeugparameter anhand numerischer Optimierung zu berechnen. Als Fahrzeugmodell wird ein Modell mit sieben Freiheitsgraden gewählt, dessen maximales Beschleunigungspotential mithilfe nichtlinearer Programmierung ermittelt wird. Brayshaw untersucht und diskutiert die mit dem Modell darstellbaren Rundenzeitsensitivitäten verschiedener Fahrzeugparameter wie Fahrzeugmasse, Gierträgheit, Reifencharakteristik, Motorleistung, Gewichtsverteilung und aerodynamischer Abtrieb. Während die Gierträgheit als nicht relevant bewertet wird, beschreibt Brayshaw für die anderen Größen den Einfluss auf die Rundenzeit. Weiterhin werden Effekte verschiedener streckenabhängiger Sperrgrade des Hinterachsdifferentials sowie streckenabhängige Rollsteifigkeitsverteilung diskutiert.

Beim Vergleich von Rundenzeiten und Parametersensitivitäten zwischen quasistatischer und Optimalsteuerungslösung kommt Brayshaw zu dem Ergebnis, dass die quasistatische Simulation vergleichbare Lösungen bei gleichzeitig reduzierter Rechendauer liefert. Die Methode wird auch verwendet, um den Einfluss verschiedener Achslastverteilungen auf

[58]Thomas u. a., *Analysis and Correlation using Lap Time Simulation-Dodge Stratus for the North American Touring Car Championship* (1996).

[59]Vgl. Siegler, „Lap Time Simulation for Racing Car Design“ (2002), S. 16-28.

[60]Candelpergher, Gadola und Vetturi, *Developments of a method for lap time simulation* (2000).

[61]Brayshaw, „The use of numerical optimisation to determine on-limit handling behaviour of race cars“ (2004).

die Fahrlinie zu untersuchen[62]. Die Abweichung der wegbezogenen Fahrzeugposition bei unterschiedlichen Achslastverteilungen beträgt weniger als einen Meter. Für die Autoren ist die Information zu gering, um für einen realen Fahrer nützlich zu sein.

Ein GG-Diagramm wird vor der eigentlichen Geschwindigkeitsplanung berechnet. Während der Berechnung wird das maximale Beschleunigungspotential anhand des aktuellen Fahrzeugzustands ermittelt. Alternativ ist es möglich, das Beschleunigungspotential während der Geschwindigkeitsplanung zu berechnen. Siegler[63] sowie Siegler und Crolla[64] beschreiben eine quasistatische Rundenzeitsimulation, bei der das Fahrzeugpotential während der Geschwindigkeitsplanung über eine Newton Raphson-Iteration berechnet wird. Die quasistatische Methode wird in isolierten Kurvenmanövern mit transienter Rundenzeitsimulation verglichen, wobei beide Lösungen zur Untersuchung der minimalen Manöverzeit als geeignet beurteilt werden. Die gesamte Rennrunde wird mit der quasistatischen Methode untersucht, um eine Rangliste der einflussreichsten Parameter zu erstellen. Dabei erweisen sich Reibungskoeffizient der Reifen, Motorleistung und aerodynamischer Luftwiderstand als die Parameter mit dem höchsten Rundenzeiteinfluss. Danach folgen Schwerpunkthöhe, Spurweite, Fahrzeugmasse, aerodynamischer Abtrieb, Rollsteifigkeitsverteilung und Gewichtsverteilung.

Eine Berechnung des maximalen Fahrzeugbeschleunigungspotentials während der Geschwindigkeitsplanung, wie sie Siegler beschreibt, hat gegenüber einem vorausberechneten GG-Diagramm den Vorteil, dass eventuell nicht verwendete Zustände auch nicht berechnet werden. Je nach Anzahl der Abhängigkeiten des maximalen Fahrzeugbeschleunigungspotentials von den Zuständen des Fahrzeuges können beide Varianten sinnvoll sein. Wenn das Beschleunigungspotential des Fahrzeugs sehr viele Abhängigkeiten von den verschiedenen Systemzuständen hat, ist die Berechnung des maximalen Fahrzeugbeschleunigungspotentials während der Geschwindigkeitsplanung sinnvoller, da es sonst nötig ist, sehr große Zustandsräume abzuspeichern und zu interpolieren. Im Falle einer einfachen Abhängigkeit, z. B. ausschließlich die der Geschwindigkeit, ist die Vorausberechnung numerisch effizienter.

Neben den Arbeiten, die sich ausschließlich auf die quasistatische Simulation konzentrieren, wird in einigen Arbeiten, die sich auf andere Methoden zur Rundenzeitsimulation konzentrieren, ebenfalls die quasistatische Rundenzeitsimulation als Vorsteuerung und Referenzlösung verwendet. So verwenden Kelly und Mavroudakis die quasistatische Simulation als Startlösung oder zum Abgleich der Ergebnisse[65]. Die quasistatische Lösung wird auch in den Arbeiten von König, Vögel u. a. und Ehmann und Butz in Kombination mit Fahrerregler als Vorsteuerung verwendet[66]. Die dazu angewandten Vorgehensweisen sind der Methode mit vorab berechnetem GG-Diagramm[67] ähnlich.

[62]Brayshaw und Harrison, „A quasi steady state approach to race car lap simulation in order to understand the effects of racing line and centre of gravity location“ (2005).
[63]Siegler, „Lap Time Simulation for Racing Car Design“ (2002).
[64]Siegler und Crolla, *Lap Time Simulation for Racing Car Design* (2002).
[65]Vgl. Kapitel 2.1.
[66]Vgl. Kapitel 2.3.
[67]Vgl. Brayshaw, „The use of numerical optimisation to determine on-limit handling behaviour of race cars“ (2004).

2.3 Fahrerregler

Als Fahrerregler wird ein Regelalgorithmus bezeichnet, der ähnlich dem menschlichen Fahrer das Fahrzeug mithilfe verschiedener Steuergrößen entlang einer Solltrajektorie führt. Fahrerregler werden nicht nur zur Rundenzeitsimulation verwendet, sondern haben im Rahmen von Verkehrsstudien oder Untersuchung der Mensch-Maschine-Interaktion viele andere Anwendungsbereiche. Eine Übersicht über die unterschiedlichen Arten von Fahrerreglern und die Forschungsarbeiten in den verschiedenen Bereichen wird bei Plöchl und Edelmann[68] gegeben.

Die Verwendung eines Fahrerreglers vereinfacht die Optimierungsaufgabe in der Rundenzeitsimulation, da die Einhaltung des Grenzbereichs und damit die Beherrschung der Nichtlinearität des Fahrzeugs vom Regelalgorithmus übernommen wird. Die Optimierungsaufgabe ist damit auf die Trajektorienplanung unter Einhaltung der Randbedingungen reduziert. Nach Donges[69] können diese beiden Aufgabenbereiche auch als Pfadplanung (Antizipation) und Pfadfolgeregelung (Kompensation) bezeichnet werden. Im Gegensatz zur reinen Fahrlinienplanung, die mit den quasistatischen Algorithmen kombiniert wird, wird bei der Trajektorienplanung auch eine Geschwindigkeitsplanung durchgeführt, die das Fahrzeug möglichst nahe am grenzstabilen Bereich bewegt. Der Trajektorienplanungsalgorithmus ist ähnlich aufgebaut wie ein Verfahren zur Rundenzeitsimulation. Der Unterschied ist oft die Vereinfachung im Modell oder im Lösungsweg der Rundenzeitberechnung, da Ungenauigkeiten in der Pfadplanung über den Kompensationsregler ausgeglichen werden.

Zur Stabilisierung des Fahrzeugs im nichtlinearen Grenzbereich gibt es verschiedene Ansätze. Hauptsächlich werden mathematische Methoden, Analysen der Übertragungsfunktion im Frequenzbereich, optimale, adaptive und prädiktive Methoden der Regelungstechnik, Fuzzy-Logik, neuronale Netzwerke, stochastische Methoden oder hybride Herangehensweisen verwendet[70].

Durch die Ansätze der optimalen Regelung wird ein systematischer Regelentwurf, basierend auf der modellierten Systembeschreibung, ermöglicht, anstatt die Regelverstärkung anhand eines empirischen Vorgehens auszulegen. Sharp[71] entwickelt eine vorausschauende linear quadratische Lenkungsregelung. Der Autor untersucht die Zusammenhänge zwischen unterschiedlichen Fahrzeugparametern und Vorausschauzeit sowie den Einfluss von Vorausschauzeit auf das Lenkverhalten. Die Vorausschauzeit wird für die Regelgüte bewertet als wichtig. Thommyppillai, Evangelou und Sharp[72] entwickeln den Ansatz von Sharp weiter, indem für stationäre Kurvenfahrt vorausberechnete optimale Steuergrößen verwendet werden, um das Fahrzeug auf einer vorgegebenen Fahrlinie zu stabilisieren. Das Vorgehen wird für die Verwendung als idealer Fahrer in der Rundenzeit empfohlen. Auch im kommerziellen Bereich werden die Methoden der optimalen Regelungstechnik verwendet. Der Fahrerregler

[68] Plöchl und Edelmann, „Driver models in automobile dynamics application“ (2007).
[69] Donges, „A Two Level model of driver steering behavior“ (1978).
[70] Vgl. Plöchl und Edelmann, „Driver models in automobile dynamics application“ (2007), S. 3.
[71] Sharp, „Driver steering control and a new perspective on car handling qualities“ (2005).
[72] Thommyppillai, Evangelou und Sharp, „Car driving at the limit by adaptive linear optimal preview control“ (2009).

der kommerziellen Software CarSim[73] basiert auf der Arbeit von MacAdam[74]. Dort wird eine vorausschauende optimale Regelungsmethode als Kompensationsregler vorgeschlagen. Die Qualität des Reglers wird anhand eines Spurwechseltests bewertet.

Die Stabilisierungsaufgabe des Fahrerreglers im grenzstabilen Bereich ist mit der Stabilisierungsaufgabe der Assistenzsysteme vergleichbar. Es werden nur andere Steuergrößen betätigt. Damit lassen sich die Erkenntnisse aus der Forschung zu Assistenzsystemen auf die Fahrerregler anwenden. Orend befasst sich in seiner Forschung mit der Möglichkeit des radindividuellen Lenk- und Momenteneingriffs. Dabei werden alle Reifen über eine Feedforward-Regelung möglichst weit unterhalb der Kraftschlussgrenze gehalten. Er entwickelt eine Strategie zur Bestimmung der optimalen Radkräfte über Lösung des konvexen Optimierungsproblems, die dann als Vorsteuerung[75] oder als Regelung[76] zur Fahrzeugstabilisierung verwendet werden. Vietinghoff[77] untersucht die Möglichkeit des Lenkeingriffs zur Fahrzeugstabilisierung. Die Autorin beschreibt verschiedene Mehrgrößenregler, um das Fahrzeug im Grenzbereich zu stabilisieren. Abschließend entscheidet sie sich für einen nichtlinearen PI-Regler, bei dem über „gain scheduling“ ein Zweispurmodell für mehrere Arbeitspunkte linearisiert wird. Als Arbeitspunkte werden verschiedene Geschwindigkeitslevel als ausreichend erachtet. Tamaddoni, Taheri und Ahmadian[78] legen einen Kompensationsregler, basierend auf der Spieltheorie, aus. Die Regelungsaufgabe wird als Spiel zwischen einem Fahrer und einem Gierregler beschrieben, der Momenteingriffe an den Rädern vollführt, um das Fahrzeug näher an einer gewünschten Sollvorgabe zu halten. Die Regelgüte wird über einem Vergleich mit einem linear quadratischen Regler bewertet.

Die bisher gezeigten Entwürfe beschreiben die Stabilisierung des Fahrzeugs im fahrdynamischen Grenzbereich. Für eine Anwendung als Rundenzeitsimulation wird die Kompensationsregelung um einen Pfadplanungsanteil ergänzt. Um eine maximale Ausnutzung des Beschleunigungspotentials zu erreichen, wird die Sollgeschwindigkeitsvorgabe so gewählt, dass das Fahrzeug im Grenzbereich bewegt wird. Dazu wird die Solltrajektorie mit einem vereinfachten Modell vorausberechnet und anschließend mit dem Vollfahrzeugmodell durch den Kompensationsregler abgefahren. Entscheidend für die Auslegung des Kompensationsreglers ist die Beherrschung der Nichtlinearitäten des Fahrzeugs, sodass der geplanten Trajektorie mit möglichst geringer Abweichung gefolgt wird. Zur Trajektorienplanung kommen die bereits vorgestellten Verfahren der optimalen Steuerung und quasistatischen Berechnung infrage. Diese Verfahren werden ebenfalls in Kombination oder vereinfacht eingesetzt. Die vorausberechnete Trajektorie wird durch den Kompensationsregler abgefahren.

König[79] verwendet quasistatische Berechnung als Sollgeschwindigkeitsvorgabe bei gegebener Sollkrümmung. Zur Fahrzeugstabilisation wird für den Reglerentwurf aus verschiedenen

[73]Mechanical Simulation, *CarSim Produktbeschreibung* (2013).

[74]MacAdam, „Application of an Optimal Preview Control for Simulation of Closed-Loop Automobile Driving“ (1981).

[75]Orend, „Modelling and control of a vehicle with single-wheel chassis actuators“ (2005).

[76]Orend, „Steuerung der ebenen Fahrzeugbewegung mit optimaler Nutzung der Kraftschlusspotentiale aller vier Reifen“ (2005).

[77]Vietinghoff, *Nichtlineare Regelung von Kraftfahrzeugen in querdynamisch kritischen Fahrsituationen* (2008).

[78]Tamaddoni, Taheri und Ahmadian, „Optimal Preview Game Theory Approach to Vehicle Stability Controller Design“ (2011).

[79]König, *Ein virtueller Testfahrer für den querdynamischen Grenzbereich* (2009).

Konzepten zur nichtlinearen Regelung eine Methode der exakten Linearisierung gewählt. Eine Vorausberechnung der Sollgeschwindigkeit über quasistatische Verfahren wird auch in einigen kommerziellen Programmen verwendet. Der so genannte Smartdriver, der in der kommerziellen Mehrkörpersimulationssoftware Adams[80] verwendet wird, wird über drei Ebenen beschrieben[81]. Die drei Ebenen des Modells bestehen aus einer strategischen Ebene für die Aufgabenplanung, einer taktischen Ebene für die Trajektorienplanung und einer Bedienungsebene zur Regelung der Bewegung. Für Manöver mit maximal möglicher Geschwindigkeit wird eine quasistatische Lösung verwendet, die iterativ angepasst wird, damit es möglich wird, sie mit dem dynamischen Modell abzufahren. Das kommerzielle Fahrermodell IPGDriver[82] verknüpft Elemente der linearen Regelungstechnik mit Elementen aus der Fuzzy-Regelung[83]. Es werden Fahrereigenschaften wie beispielsweise Reaktionszeiten, die Bereitschaft, Kurven zu schneiden oder die verwendeten Motordrehzahlbereiche eingestellt. Zur Rundenzeitsimulation verwendet der Fahrer die Informationen über die maximal möglichen Beschleunigungen, die aus dem Vollfahrzeugmodell generiert werden. Auch hier wird die Rundenzeit iterativ verbessert.

Weiterhin werden Verfahren verwendet, die nicht direkt mit einer quasistatischen Methode arbeiten, aber ebenfalls Informationen über das statische Beschleunigungspotential verwenden. Gordon, Best und Dixon[84] nutzen für die Bahnplanung ein auf einer Punktmasse mit Beschleunigungsgrenzen basierendes Vektorfeld, das die gewünschte Geschwindigkeit in jedem Streckenpunkt darstellt. Die Geschwindigkeitsinformation des Vektorfelds wird vom Kompensationsregler als Sollgeschwindigkeit verwendet. Dies hat den Vorteil, dass für die gesamte Fahrbahn Solltrajektorieninformationen bereitgestellt sind. Jennings[85] bestimmt die Kurvengeschwindigkeiten in der Fahrdynamiksoftware HP-VEHSAP über die Informationen aus vorab durchgeführten, stationären Manövern. Als Fahrermodell wird ein linearer PI-Regler verwendet, der Geschwindigkeit und Lenkwinkel unabhängig voneinander stellt. Die Reglergüte im Grenzbereich wird in der Untersuchung nicht bewertet.

Alternativ zur Berechnung der Pfadplanung mit statischen oder quasistatischen Methoden, werden Lösungen der optimalen Steuerung verwendet. Verschiedene Untersuchungen, die mit der kommerziellen Software veDYNA[86] arbeiten, beschreiben die Möglichkeiten dieses Ansatzes. Ehmann und Butz[87] vergleichen quasistatische Trajektorienplanung mit optimaler Steuerung. Dabei zeigen sich deutliche Unterschiede zwischen den beiden Lösungen, die durch einen unterschiedlichen Krümmungsverlauf bei der quasistatischen Trajektorienplanung erklärt werden. Als Fahrerregler wird ein Positionsregler verwendet, der auf den Verfahren der nichtlinearen Systementkopplung beruht. Vögel u. a.[88] beschreiben ebenfalls einen nichtlinearen Positionsregler, basierend auf Systementkopplung, dessen Pfadplanung

[80]MSC Software, *Adams Produktbeschreibung* (2013).

[81]Frezza, Saccon und Bachet, „SmartDriver: a sensor based model of a car driver for virtual product development“ (2003).

[82]IPG Automotive, *IPGDriver Produktbeschreibung* (2013).

[83]Wurster und Schick, „Substantial Progress of Virtual Driver Skills in Interaction with Advanced Control Systems to Meet the New Challenges of Vehicle Dynamics Simulation“ (2010).

[84]Gordon, Best und Dixon, „An automated driver based on convergent vector Fields“ (2002).

[85]Jennings, *Dynamic Simulation of Race Car Performance* (1996).

[86]TESIS DYNAware, *veDYNA Produktbeschreibung* (2013).

[87]Ehmann und Butz, „Raceline Optimierung und Fahrermodellierung für die Simulation von Rennfahrzeugen in Echtzeit“ (2004).

[88]Vögel u. a., „An Optimal Controll Approach to Real Time Vehicle Guidance“ (2003).

anhand eines Einspurmodells über optimale Steuerung mit direkter Kollokation gelöst wird. Der Ansatz der nichtlinearen Systementkoppelung sowie die Kenntnis der Systemdynamik verbessern dabei das Folgeverhalten gegenüber linearen Regelungsansätzen. Prokop[89] verwendet ein „direct shooting“-Verfahren, um über sequentielle quadratische Programmierung (SQP) die optimale Trajektorie für ein Einspurmodell zu berechnen. Über die Zielfunktionen werden die unterschiedlicher Kriterien wie minimaler Abstand zur Sollfahrlinie oder minimale Geschwindigkeitsänderung in der Trajektorienplanung umgesetzt. Die Pfadfolgeregelung wird über einen linearen PID-Regler umgesetzt, da die Nichtlinearitäten des Fahrzeugmodells über die Nebenbedingungen in der Trajektorienoptimierung berücksichtigt sind. Preuße, Keller und Hunt[90] kombinieren die optimale Steuerung zur Trajektorienplanung mit einer Kompensationsregelung, fußend auf nichtlinearer Entkopplung. Das Potential für die Trajektorienplanung eines Einspurmodells wird mit einem Punktmassemodell verglichen. Die Autoren beschreiben die Möglichkeit der Verkettung mehrerer lokaler Optimalsteuerungsprobleme an Stelle eines globalen Ansatzes, um so den mobilen Betrieb zu gewährleisten. Weiterhin wird die Möglichkeit betrachtet, die globale Lösung des Optimalsteuerungsproblems als prädiktiven Regler zu verwenden.

Die Trajetorienplanung über Methoden der optimalen Steuerung erfolgt ausschließlich mit einfachen Einspurmodellen. Die quasistatischen Lösungen verwenden komplexere Modelle, die transienten Effekte werden nicht berücksichtigt. Die Vereinfachungen der vorausberechneten Lösung führen zu Abweichungen von der Sollfahrlinie, wenn der Kompensationsregler die Vorgabe mit dem Vollfahrzeug abfährt, da sich das Beschleunigungspotential des Vollfahrzeugs und das des einfachen Modells voneinander unterscheiden. Um diese Abweichung zu vermeiden, wird mit Trajektorienplanungen gearbeitet, die auf dem Ergebnis der fahrergeführten Vollfahrzeugsimulation basieren. Das bedeutet, das Ergebnis eines Durchlaufs wird als Input für die Trajektorienplanung verwendet. Aus den Ergebnissen des vorherigen Durchlaufs wird eine neue optimierte Sollvorgabe erstellt. Im Gegensatz zu einer wie bisher beschriebenen vorausberechneten Lösung wird also ein Ergebnis iterativ gefunden.

Lowndes[91] entwickelt einen Fahrerregler mit dem Ziel, eine mögliche Reduktion der Rundenzeit über Variation der Fahrzeugparameter zu untersuchen. Sollgeschwindigkeit und Lenkwinkelverlauf werden über eine numerische Optimierung erzeugt, die mit den Ergebnissen der Vollfahrzeugsimulation arbeiten. Nur für die Einhaltung der Sollgeschwindigkeit wird ein Regelalgorithmus verwendet. Für die Weiterentwicklung wird eine Verfeinerung der Fahrzeugmodellierung und des Optimierungsalgorithmus vorgeschlagen, da die Ergebnisse nicht der erwarteten Lösung entsprechen. In einer Voruntersuchung[92] zu der vorliegenden Arbeit wird ein linear quadratischer Regleransatz in Kombination mit einem nichtlinearen Schlupfregler beschrieben. Der Regler bremst oder beschleunigt das Fahrzeug mit maximal möglichem Kraftschluss entlang einer vorgegebenen Sollkrümmung. Um die Rundenzeit zu minimieren, werden über einen Optimierungsalgorithmus die Bremspunkte variiert. Als Randbedingung für die Optimierung der Bremspunkte wird die Abweichung der fahrergeführten Vollfahrzeugsimulation von der Sollvorgabe verwendet. Timings und

[89]Prokop, „Modelling human vehicle driving by model predictive online optimization“ (2010).
[90]Preuße, Keller und Hunt, „Fahrzeugführung durch ein Fahrermodell“ (2001).
[91]Lowndes, „Development of an Intermediate Degree of Freedom Vehicle Dynamics Model for Optimal Design Studies“ (1998).
[92]Völkl, Zinke und Winner, „Development of a Driver Model for Optimal Control of a Race Car“ (2012).

Cole[93] beschäftigen sich ebenfalls mit der Manöverzeitminimierung. Sie beschreiben eine Regelung, die durch Vorausschau bei konstanter Geschwindigkeit die zeitminimale Fahrlinie findet. Timings und Cole erreichen erhöhte Robustheit und numerische Effizienz im Vergleich zur Optimalsteuerung, indem sie für ihren modellprediktiven Regler das Problem in quadratisch konvexe Teilprobleme aufteilt. Butz[94] sowie Butz und von Stryk[95] beschreiben die Berechnung der optimalen Steuergrößen für einen Iso-Spurwechseltest mit einem linearisierten Einspurmodell durch direkte Kollokation[96]. Verschiedene Kostenfunktionen, wie minimale Querbeschleunigung oder minimale Abweichung zur Fahrbahnmitte werden ausgewertet und verglichen. Die Gewichtungsfaktoren der Zielfunktion der Optimalsteuerungslösung werden mit Versuchsdaten abgeglichen, um das Verhalten unterschiedlicher menschlicher Fahrer zu identifizieren und zu charakterisieren. Der beschriebene Optimalsteuerungsansatz wird zur Berechnung der zeitminimalen Solltrajektorien für eine komplette Rundstrecke verwendet[97]. Da die Optimalsteuerung auf dem linearen Einspurmodell beruht, wird die initial geplante Trajektorie mit einem Fahrerregler abgefahren, um eine dynamische Lösung mit dem Vollfahrzeug zu erhalten. Basierend auf den Ergebnissen der Vollfahrzeugsimulation wird eine weitere numerische Optimierung der Solltrajektorie mit verschiedenen Optimierungsalgorithmen durchgeführt. Andernfalls führt die Vereinfachung des Modells der initialen Trajektorienplannung zu Abweichungen von der optimalen Lösung. Für den Gesamtprozess werden Rechenzeiten zwischen 1,5 und 7,5 Stunden je nach gewähltem Optimierungsalgorithmus für die komplette Rennrunde angegeben. Die Toleranz der Methode wird nicht bewertet, die Ergebnisse der verschiedenen Optimierungsalgorithmen unterscheiden sich auf einer 95 Sekunden langen Runde in Monza um bis zu 6 Sekunden. Zur Verbesserung der Robustheit der Methode wird eine Zerlegung in Teilsegmente empfohlen.

Eine Fahrzeug mit nichtlinearem Reifenmodell ist im Bereich der maximalen Kraftschlussgrenzen $\mu = \mu_{max}$ nicht steuerbar, da die lokale Steigung der Reifenkraft an der Kraftschlussgrenze null beträgt und so bei Variation der Steuergrößen keine Änderung im Kraftzustand erreicht wird. Um die Steuerbarkeit nicht zu verlieren, bewegen die Fahrerregler das System unterhalb der maximalen Kraftschlussgrenze.

Die Verwendung eines Fahrerreglers ermöglichen die Vereinfachung und eine damit robustere und schnellere Lösung der Trajektorienplanung. Durch die Vereinfachungen in der Pfadplanung entstehen Abweichungen von der geplanten Trajektorie, wenn die Lösung mit dem Vollfahrzeugmodell abgefahren wird. Damit ist die ursprüngliche Optimalität der Lösung nur eingeschränkt gewährleistet. In einigen der hier beschriebenen Arbeiten wird versucht, Abweichungen, die durch eine Pfadplanung mit einem einfachen Modell entstehen, über einen nachträglichen Optimierungsprozess abzufangen. Trotzdem arbeitet der Optimierer nur mit dem Ergebnis des Systems in Kombination mit dem Fahrerregler. Da

[93] Timings und Cole, „Efficient Minimum Manoeuvre Time Optimisation of an Oversteering Vehicle at Constant Forward Speed“ (2011).

[94] Butz, *Optimaltheoretische Modellierung und Identifizierung von Fahrereigenschaften* (2005).

[95] Butz und von Stryk, „Optimal Control Based Modeling of Vehicle Driver Properties“ (2005).

[96] Von Stryk, *User's Guide for DIRCOL (Version 2.1): a Direct Collocation Method for the Numerical Solution of Optimal Control Problems* (1999).

[97] Butz und Ehmann, „Virtuelle Rundenzeitoptimierung mittels realistischer Rennfahrzeugsimulation“ (2005).

das Fahrermodell die Dynamik des Systems ändert, haben Qualität und Auslegung des Fahrerreglers deutlichen Einfluss auf die minimal mögliche Rundenzeit.

2.4 Automatisierte Optimierung der Fahrzeugparameter

Neben den Methoden zur Rundenzeitsimulation, die wie Brayshaw[98] ebenfalls eine Parameteroptimierung durchführen, gibt es Untersuchungen, die sich ausschließlich mit der Optimierung des Fahrzeugparametersatzes beschäftigen. Die automatisierte Berechnung des rundenzeitoptimalen Fahrzeugparametersatzes für die jeweiligen Randbedingungen ist die logische Weiterverwendung einer Rundenzeitsimulation.

McAllister u. a.[99] verwenden einen multidisziplinarischen Optimierungsansatz, um über kollaborative Optimierung[100] Gewichtsverteilung, aerodynamische Balance und Rollmomentverteilung zu berechnen. Die kollaborative Optimierung zerlegt das komplexe System in mehrere, weniger komplexe Teilsysteme, um so robust zu einer optimalen Lösung zu gelangen. Zur Abschätzung des Fahrzeugbeschleunigungspotentials wird eine einfache stationäre Berechnung anhand eines Einspurmodells durchgeführt. Obwohl die Berechnung numerisch aufwändiger ist, empfehlen die Autoren die Verwendung aufgrund der potentiell höheren Qualität der Ergebnisse.

Kasprzak, Lewis und Milliken[101] beschreiben die Fahrzeugparameteroptimierung über eine Pareto-Optimierung, die den besten Kompromiss aus verschiedenen stationären Manövern berechnet. Dabei untersuchen sie den Einfluss der Rollmomentabstützung und der Achslastverteilung. Bereits die Darstellung des Lösungsraums für diese zwei Parameter enthält lokale Optima. Die Rundenzeit als solche wird nicht mehr berechnet, sondern über die verschiedenen stationären Manöver im Pareto-Optimum abgebildet.

Wloch und Bentley[102] verwenden einen genetischen Optimierungsalgorithmus, um das Optimum aus 66 verschiedenen Fahrzeugparametern zu bestimmen. Als Rundenzeitsimulation wird ein kommerzielles fahrerreglerbasiertes Programm verwendet. Verglichen mit einem von Hand optimierten Setup findet der Optimierungsalgorithmus Verbesserungen um mehr als eine halbe Sekunde.

Muñoz, Gutierrez und Sanchis[103] optimieren das Fahrzeugsetup mit einem genetischen Optimierungsalgorithmus, der um einen Ansatz aus dem Bereich der künstlichen Immunsysteme erweitert wird und vergleichen diesen mit den Lösungen aus einer Pareto-Optimierung, die mit einem evolutionären Algorithmus kombiniert wird. Die Ziele der

[98] Brayshaw, „The use of numerical optimisation to determine on-limit handling behaviour of race cars" (2004).

[99] McAllister u. a., „Application of multidisciplinary design optimitation to racecar design and analysis" (2002).

[100] McAllister u. a., „Robust Multiobjective Optimization through Collaborative Optimization and Linear Physical Programming" (2004).

[101] Kasprzak, Lewis und Milliken, *Steady-State Vehicle Optimization Using Pareto-Minimum Analysis* (1998).

[102] Wloch und Bentley, „Optimising the Performance of a Formula One Car using a Genetic Algorithm" (2004).

[103] Muñoz, Gutierrez und Sanchis, „Multi-objective evolution for car setup optimization" (2010).

Pareto-Optimierung sind unter anderem Rundenzeit und Höchstgeschwindigkeit. Die Multiobjektoptimierung dient dabei dem Zweck, möglichst schnell zu einem optimalen Ergebnis zu kommen, da Individuen mit besonders herausragenden Eigenschaften in einem Teilbereich nicht verworfen werden. Die paretobasierte Optimierung findet im Vergleich zu dem auf künstlichen Immunsystemen beruhenden Ansatz Ergebnisse mit geringerer Rundenzeit bei niedrigerer Rechenzeit.

Bei komplexen Parameterstudien mit vielen Fahrzeugparametern enthält der Lösungsraum lokale Optima. Um die Konvergenz zu lokalen Optima zu vermeiden, werden globale Optimierungsalgorithmen wie evolutionäre Algorithmen zur Lösung der Parameteroptimierung verwendet. Dafür wird der zusätzliche rechnerische Aufwand im Vergleich zu einer lokalen Methode der nichtlinearen Programmierung in Kauf genommen. Für kleinere Studien werden lokale Optimierungsalgorithmen verwendet, die aufgrund der numerisch gebildeten Ableitung eine präzise Methode zur Rundenzeitsimulation erfordern.

2.5 Fazit und Untersuchungsbedarf

Die verbreiteten Ansätze zur Berechnung des zeitminimalen Manövers für ein Fahrzeug auf der Rundstrecke gliedern sich in die Methoden der optimalen Steuerungstechnik, die quasistatische Berechnung und die Verwendung eines Fahrerreglers, wie in Abbildung 2.2 dargestellt.

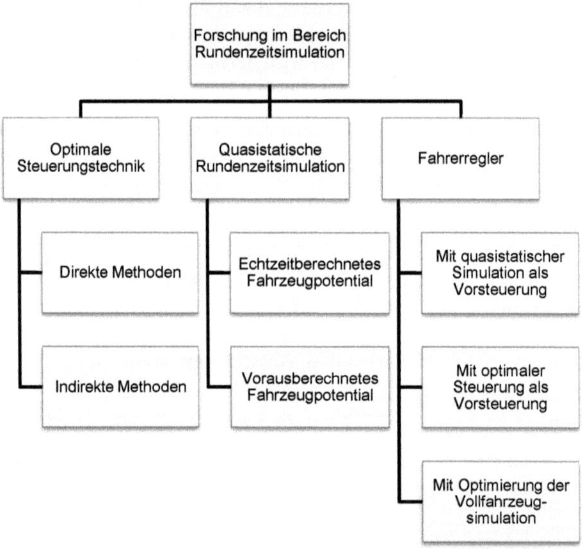

Abbildung 2.2: Übersicht über den Stand der Technik.

Die Fahrerregler werden meistens entweder mit optimaler Steuerung oder quasistatischen Methoden zur Trajektorienplanung kombiniert. Die Trajektorienplanung erfolgt dabei mit einem reduzierten Modell, während über die Kompensationsregelung mit dem Vollfahrzeug die geplante Trajektorie nachgefahren wird. Aufgrund des unterschiedlichen Beschleunigungspotentials zwischen Vollfahrzeug und reduziertem Modell kommt es zu Abweichungen von der Vorgabe. Durch die Abweichung ist die Optimalität der Lösung nicht mehr gegeben. Dieses Vorgehen führt zu einer schnellen, robusten Lösung, aber auch reduzierter Präzision. Deshalb wird anstatt der Vorsteuerung teilweise eine Optimierung verwendet, die auf den Ergebnissen aufbaut, die mit dem fahrerreglergesteuerten Vollfahrzeug erzeugt werden, um die optimale Trajektorie zu generieren oder anzupassen[104]. Der Optimierungsalgorithmus bewertet durch diesen Aufbau das durch den Fahrerregler beeinflusste System, wodurch die Optimalität hinsichtlich des Fahrzeugs alleine nicht mehr gegeben ist. Die Optimierung mit dem Vollfahrzeug führt, wenn sie zur kompletten Trajektorienplanung verwendet wird, zu ähnlichen Rechenzeiten wie die Optimalsteuerungslösung, erreicht aber bei Weitem nicht dieselbe Genauigkeit und Robustheit.

Die geringe Präzision erschwert die Aussagefähigkeit für genaue Rundenzeitsimulation. Daher wird der Fahrerregleransatz hier nicht weiter verfolgt. Für fahrdynamische Untersuchungen im Grenzbereich, bei denen der Fokus nicht auf der präzisen Rundenzeitaussage liegt, ist besonders der Fahrerregleransatz mit Vorsteuerung eine effiziente Vorgehensweise, da die Lösung numerisch effizient berechnet wird und die Verwendung von komplexen Fahrzeugmodellen bei gleichzeitig hoher Robustheit möglich ist.

Die Untersuchung der rundenzeitminimalen Lösung ist ein komplexes Optimierungsproblem. Bei der quasistatischen Herangehensweise oder durch den Einsatz eines Fahrerreglers wird die Optimierungsaufgabe reduziert und so die Robustheit und numerische Effizienz der Lösung erhöht.

Die indirekten Methoden formulieren die Optimalitätsbedingung des Gesamtsystems und lösen das daraus entstehende Randwertproblem numerisch. Aufgrund der auftretenden Schwierigkeit bei der Lösung von Randwertproblemen, wird mit sehr starken Vereinfachungen des Systemverhaltens des Fahrzeugs auf einem Teilabschnitt der Strecke gearbeitet. Zur Rundenzeitsimulation mit komplexeren Modellen für die gesamte Rundstrecke werden in den hier beschriebenen Arbeiten hauptsächlich die direkten Methoden verwendet.

Die direkte optimale Steuerung überträgt das komplette Problem in eine numerische Optimierung mit einer hohen Anzahl an Nebenbedingungen (large scale). Die Bewegungsgleichungen des Systems in jedem Zeitschritt werden über die Nebenbedingungen gelöst. Dadurch wird der numerische Aufwand bei Systemen mit vielen Zuständen deutlich erhöht. Die gleichzeitige Berechnung der zeitminimalen Fahrlinie und Geschwindigkeit ist aufgrund der Kopplung zwischen Fahrlinie, Geschwindigkeitsprofil und maximalem Fahrzeugpotential aufwändig und konvergiert zu lokalen Optima. Die starke Nichtlinearität des Fahrzeugs im Bereich der maximalen Längs- und Querbeschleunigung resultiert in hohen Gradienten der Systemdynamik, die das Beherrschen des Fahrzeugs in diesem Grenzbereich erschweren. Dies führt zu geringer Robustheit gegenüber ungünstigen Startbedingungen sowie zu

[104] Butz und Ehmann, „Virtuelle Rundenzeitoptimierung mittels realistischer Rennfahrzeugsimulation" (2005).

einem hohen numerischen Aufwand bei einem Lösungsvorgehen nach Methoden der direkten optimalen Steuerung.

Die Berechnung des zeitminimalen Manövers erfolgt am vollständigen Fahrzeugmodell, wodurch im Prinzip die Voraussetzung für eine niedrige Toleranz gegeben ist. Geringere Robustheit führt jedoch zu einer erhöhten Toleranz, da teilweise bei einer geringen Parameteränderung aufgrund anderer Startbedingungen ein anderes lokales Optimum gefunden wird und die Lösungen so deutlich voneinander abweichen.

Die Autoren, die direkte optimale Steuerung zur Rundenzeitsimulation mit komplexen Fahrzeugmodellen verwenden, arbeiten mit verschiedenen Methoden, um die Konvergenz zu lokalen Optima und den frühzeitigen Abbruch der Optimierung zu vermeiden. Robustere Ergebnisse werden durch die Verwendung von Stabilitätskriterien, die das Fahrzeug unterhalb des maximalen Beschleunigungspotentials bewegen, erreicht. Die Rundenzeit wird dann von den Stabilitätskriterien deutlich beeinflusst. Eine Aufteilung des Optimalsteuerungsproblems in mehrere Teillösungen erhöht ebenfalls die Robustheit der Methode, beschränkt den Ansatz aber in der Möglichkeit, Parameter über die gesamte Runde zu optimieren. Alternativ werden auch Startwertvariationen durchgeführt, um dann über die Berechnung des Mittelwertes die Rundenzeitaussagen zu verbessern, wodurch der numerische Aufwand weiter erhöht wird. Zusammenfassend wird festgestellt, dass die direkte optimale Steuerung zur Untersuchung der minimalen Rundenzeitsimulation geeignet ist, die Aussagekraft aber durch geringe Robustheit und Konvergenz zu lokalen Optima verringert wird.

In der quasistatischen Rundenzeitsimulation werden viele Optimierungsprobleme mit wenigen Nebenbedingungen (small scale) gelöst, um in jedem Schritt das maximale Beschleunigungspotential zu berechnen und umzusetzen. Die Methode ist aber aufgrund ihres Ansatzes nicht in der Lage, transiente oder zeitvariante Größen zu beschreiben. Für den gültigen Bereich ist die quasistatische Simulation sehr robust und präzise und wird besonders zur Studie kleiner Parametersensitivitäten verwendet. Aus diesem Grund wird die quasistatische Simulation als Referenz für die Entwicklung neuer Methoden verwendet[105].

Die quasistatischen Methoden basieren auf einer vorgegebenen Fahrlinie. Um die zeitminimale Fahrlinie zu bestimmen, werden die quasistatischen Berechnungsmethoden um zusätzliche numerische Optimierung erweitert. Die Kombination der quasistatischen Methode mit einer numerischen Optimierung zur Fahrlinienoptimierung ist dem Ansatz der Kombination aus numerischer Optimierung und einem fahrergesteuerten Vollfahrzeug ähnlich. Die Fahrlinienoptimierung mit quasistatischer Berechnung ist aufgrund der hohen Präzision und Robustheit der quasistatischen Berechnung robuster als die fahrerbasierte Lösung.

Die Untersuchungen[106] zeigen, dass sich quasistatische Berechnung eignet, um die grundsätzliche Rundenzeit zu berechnen, die durch einige Basisparameter des Fahrzeugs definiert wird. Bei den Basisparametern handelt es sich um Fahrzeugmasse, Motorleistung, Reifenreibungskoeffizient, aerodynamischen Abtrieb und Luftwiderstand. Ebenfalls

[105] Vgl. Mavroudakis, *About the Simulations of Formula 1 Racing Cars* (2011) und Kelly, „Lap Time Simulation with Transient Vehicle and Tyre Dynamics“ (2008).

[106] Vgl. Brayshaw, „The use of numerical optimisation to determine on-limit handling behaviour of race cars“ (2004) und Kelly, „Lap Time Simulation with Transient Vehicle and Tyre Dynamics“ (2008).

eignet sich die quasistatische Berechnungsmethode, um die Einflüsse auf diese Basisparameter durch das Fahrzeugverhalten zu beschreiben, die in einem Zeitschritt ohne Einflüsse des vorherigen Schrittes berechenbar sind. Die wesentlichen Defizite der quasistatischen Simulation werden in den Bereichen der Bewertung der Parameter gesehen, die Vertikaldynamik des Fahrzeugs und thermomechanisches Reifenverhalten beeinflussen. Aber auch andere Fahrzeugparameter, die Bereiche wie Längs- und Gierdynamik beeinflussen, sind mit quasistatischer Simulation nicht bewertbar.

Zusammengefasst bedeutet dies, der Fahrerregleransatz leidet unter geringer Präzision und die optimale Steuerung ist wenig robust gegenüber ungünstigen Bedingungen. Die quasistatische Simulation erfüllt die gestellten Anforderungen an die Methode wie hohe Präzision und Robustheit, ist aber nicht in der Lage, transientes Verhalten zu berücksichtigen. Weder ist bisher erforscht, aus welchen Eigenschaften der quasistatischen Lösungsmethode die hohe Robustheit und Präzision resultieren noch inwieweit eine Bewertung der transienten Fahrzeugbeschreibung unter Beibehaltung dieser Eigenschaften möglich ist.

Als zu untersuchende Hypothese wird daher formuliert:
Durch eine Erweiterung der quasistatischen Methode wird es ermöglicht, den Einfluss des transienten Fahrzeugverhaltens auf die Rundenzeit mit hoher Präzision zu bewerten.

Der erwartete Wert durch die Erfüllung der Hypothese ist eine Vorhersage der rundenzeitminimalen Fahrzeugparameter und damit die Möglichkeit zur objektiven Bewertung der Einflüsse des transienten Fahrzeugverhaltens auf die Rundenzeit.

Das bedeutet, in dieser Arbeit werden die Möglichkeiten einer Erweiterung des quasistatischen Vorgehens um das transiente Fahrzeugverhalten betrachtet. Dazu werden die Wirkprinzipien der quasistatischen Methode formuliert, um daraus die Bedingungen für eine Erweiterung abzuleiten. Unter Beachtung dieser Bedingungen wird ein Vorgehen zur Integration der transienten Modellierung in die quasistatische Berechnungsmethode formuliert.

Durch hohe Robustheit, Präzision und Modellgenauigkeit sowie robustes Konvergenzverhalten wird sichergestellt, dass die Ergebnisse nicht durch unerwünschte Nebeneffekte verfälscht werden, sodass eventuell auftretende Abweichungen tatsächlich durch die Methode verursacht werden und untersuchbar sind. Damit sind Robustheit, Präzision, Konvergenzverhalten und Modellgenauigkeit die Voraussetzung für die Überprüfbarkeit der Vorhersage- und Aussagegenauigkeit.

Die Validität der Entwicklungsmethodik wird über Falsifizierungsexperimente überprüft, indem die Methode verwendet wird, um für einen Anwendungsfall die rundenzeitminimale Geschwindigkeit auf verschiedenen Strecken vorherzusagen sowie die rundenzeitminimale Fahrzeugparametrierung zu berechnen. Die berechnete Fahrzeugparametrierung wird anschließend mit der tatsächlich gefahrenen, im Streckentest optimierten, Fahrzeugparametrierung abgeglichen.

3 Entwurf der erweiterten quasistatischen Rundenzeitsimulation

In diesem Kapitel wird eine Berechnungsmethode entwickelt, bei der die quasistatische Methode um eine Möglichkeit zur Bewertung transienter Effekte erweitert wird. Dazu werden in einem ersten Schritt, basierend auf einer Betrachtung der zeitminimalen Manöversteuerung, über Pontrjagins Minimalprinzip die Voraussetzungen für eine quasistatische Methode formuliert. Anhand dieser Kriterien wird das transiente und zeitvariante Fahrzeugverhalten in die quasistatische Formulierung integriert. Die Anwendung der entwickelten Methode wird anhand eines Beispiels der zeitminimalen Landemanöverberechnung einer Mondlandefähre erläutert. Anschließend wird die Berechnungsmethode auf die Minimierung der Rundenzeit einer punktförmigen Masse mit Beschleunigungsgrenzen auf einer vorgegebenen Pfadtrajektorie angewendet.

3.1 Herleitung der zeitminimalen Manöversteuerung

Die Betrachtung der zeitminimalen Manöversteuerung über Pontrjagins Minimalprinzip dient zur Herleitung der Voraussetzung einer Berechnung des zeitminimalen Manövers über quasistatische Berechnung. Dazu wird ein System mit den Zuständen $x(t)$ und den Steuergrößen $u(t)$ verwendet.

$$\dot{x} = a(x(t), u(t), t) \tag{3.1}$$

Für dieses System wird das zulässige Steuerungsverhalten $u^*(t)$ gesucht, das die gegebene Kostenfunktion $J(u)$ minimiert und das System entlang einer zulässigen Trajektorie $x^*(t)$ führt. Die Kostenfunktion wird allgemein beschrieben über

$$J(u) = h(x(t_f), t_f) + \int_{t_0}^{t_f} g(x(t), u(t), t)\, dt, \tag{3.2}$$

wobei $h(x(t_f), t_f)$ die Kosten im Endzustand t_f und $\int_{t_0}^{t_f} g(x(t), u(t), t)\, dt$ die laufenden Kosten beschreibt. Für die zeitminimale Manöversteuerung werden die Kosten über die für das Manöver benötigte Zeit beschrieben:

$$J(u) = \int_{t_0}^{t_f} 1\, dt \tag{3.3}$$

Die für die Optimalität notwendigen Bedingungen werden aus der Hamilton-Gleichung $\mathcal{H}(x(t), u(t), p(t), t)$ abgeleitet.

$$\mathcal{H}(x(t), u(t), p(t), t) \triangleq g(x(t), u(t), t) + p(t)^T \left[a(x(t), u(t), t)\right] \tag{3.4}$$

Bei $p(t)$ handelt es sich um den Lagrange Multiplikator, der allgemein zur Lösung beschränkter Optimierungsprobleme verwendet wird und in der optimalen Steuerung die Dynamik des Systems als Zwangsbedingung beschreibt.

Für die Optimalität sind folgende Bedingungen für alle $t \in [t_0, t_f]$ notwendig, aber nicht hinreichend[107].

$$\dot{x}^*(t) = \frac{\partial \mathcal{H}}{\partial p}(x^*(t), u^*(t), p^*(t), t) \tag{3.5}$$

$$\dot{p}^*(t) = -\frac{\partial \mathcal{H}}{\partial x}(x^*(t), u^*(t), p^*(t), t) \tag{3.6}$$

$$\mathcal{H}(x^*(t), u^*(t), p^*(t), t) \leq \mathcal{H}(x^*(t), u(t), p^*(t), t) \tag{3.7}$$

Für unbeschränkte Systeme gilt zusätzlich:

$$\frac{\partial \mathcal{H}}{\partial u}(x^*(t), u^*(t), p^*(t), t) = 0 \tag{3.8}$$

Kirk[108] formuliert für eine allgemeine Klasse an Systemen ein zeitminimales Steuergesetzt. Dies wird verwendet, um daraus ein allgemeines Vorgehen für die zeitminimale Manöverberechnung herzuleiten, das anschließend auf die Rundenzeitminimierung angewendet wird. Das System nach Gleichung (3.1) wird dazu umformuliert zu

$$\dot{x}(t) = a(x(t), t) + B(x(t), t)u(t), \tag{3.9}$$

wobei B eine $n \times m$ Matrix ist, die explizit von den Systemzuständen und der Zeit abhängt. Die Steuergrößenbegrenzung liegt in der Form

$$M_{i-} \leq u_i(t) \leq M_{i+}, \quad \text{mit} \quad i = 1{,}2, ..., m \tag{3.10}$$

vor, wobei M_{i-} und M_{i+} die untere und obere Grenze der i-ten Steuergrößen ist. Die Hamilton-Gleichung wird dann formuliert als:

$$\mathcal{H}(x(t), u(t), p(t), t) = 1 + p^T(t)\left[a(x(t), t) + B(x(t), t)u(t)\right] \tag{3.11}$$

Über Pontrjagins Minimalprinzip aus Gleichung (3.7) wird die optimale Steuerungsstrategie hergeleitet:

$$u^*(t) = \begin{cases} M_{i+} & \text{für} \quad p^{*T}(t)b_i(x^*(t), t) < 0 \\ M_{i-} & \text{für} \quad p^{*T}(t)b_i(x^*(t), t) > 0 \\ \text{unbestimmt} & \text{für} \quad p^{*T}(t)b_i(x^*(t), t) = 0 \end{cases} \tag{3.12}$$

Die optimale Steuerung für wie in Gleichung 3.9 beschriebene Systeme ist eine Zweipunktregelung. Das bedeutet, für jede Stellgröße gibt es in der zeitminimalen Lösung des Problems

[107] Für den Nachweis der hinreichende Lösung ist es nötig die Konvexität des Problems zu überprüfen, vgl. dazu Kirk, *Optimal Control Theory: An Introduction* (1970), S.233-234.

[108] Kirk, *Optimal Control Theory: An Introduction* (1970), S. 245-246.

nur zwei Zustände[109]. Zur Berechnung der Zustände und Lagrange-Multiplikatoren ist es nötig, ein Randwertproblem zu lösen. Dies ist nur bei einfachen, meist linearen Problemen explizit möglich.

Zur Lösung wird, anstatt das Randwertproblem zu lösen, ein Anfangswertproblem formuliert. Durch die Formulierung als Anfangswertproblem ist es möglich, bei bekannten Startwerten eine Lösung über numerische Integration zu berechnen. Dafür wird das Manöver in verschiedene Abschnitte unterteilt. Ein Abschnitt besteht aus dem Anfangszustand, dem Endzustand und gegebenenfalls einem Umschaltpunkt. Ausgehend von den Randpunkten des Abschnitts werden die Systemzustände über numerische Vorwärts- und Rückwärtsintegration berechnet[110]. Als Stellgrößenstrategie wird die in der optimalen Steuerung formulierte Zweipunktstrategie verwendet, um so eine zeitminimale Lösung zu generieren, da aus der Optimalität der Steuerstrategie, bei korrekter Einteilung in Abschnitte, die Optimalität der Lösung folgt. Der Umschaltpunkt innerhalb eines Abschnitts ergibt sich aus dem Schnittpunkt der vorwärts und rückwärts gerechneten Trajektorien. Beliebig viele Abschnitte werden zu einem kompletten zeitminimalen Manöver kombiniert.

Damit dieses Vorgehen zur Berechnung der zeitminimalen Lösung umsetzbar ist, wird gefordert, dass das Problem folgende Voraussetzungen erfüllt:

- Eine Einteilung in Abschnitte ist möglich.
- Anfangs- und Endzustand sind bekannt oder es ist möglich, sie vorab zu bestimmen.
- Anfangs- und Endzustand bleiben unbeeinflusst von der numerischen Integration.
- Die zeitminimale Steuerstrategie ist bekannt.

Systemzustände, die eine Erfüllung der Anforderung verhindern, werden nicht in der Berechnung der optimalen Lösung berücksichtigt. Stattdessen werden diese Systemzustände vorab berechnet und während der Berechnung als wegabhängige, unveränderliche Parameter betrachtet. Dadurch werden die Zustände in jedem beliebigen Punkt der Strecke unabhängig voneinander beschrieben, sodass eine Berechnung der optimalen Lösung nach dem beschriebenen Vorgehen möglich wird. Da sich die ausgelagerten Zustände und die Steuergrößen gegenseitig beeinflussen, ist eine iterative Berechnung der optimalen Lösung nötig. Bei den meisten Systemen ist es notwendig, alle zeitlich abhängigen Größen vorab zu berechnen, da diese Größen eine unabhängige Bestimmung des Anfangs- und Endzustandes verhindern. Der davon ausgenommene transiente Zustand ist die Geschwindigkeit, die das Ergebnis der zeitminimalen Manöverberechnung ist.

Die in der Berechnung durchgeführte Überlagerung beruht auf der Annahme, dass die überlagerten Größen das Beschleunigungspotential und die Einteilung in Abschnitte beeinflussen, nicht aber die Steuerstrategie in Form der Zweipunktregelung. Daraus wird die Anforderung an das System abgeleitet, dass die Systemdynamik bei Anwendung der optimalen Steuerstrategie stabil ist. Voraussetzung für die Konvergenz der Iteration ist, dass die Rückkopplung von den ausgelagerten Zuständen auf das maximale Beschleunigungspotential nicht zu einem alternierenden Verhalten der Stellgrößen führt. Alternierendes Verhalten

[109] Die Singularität, bei der die Stellgröße nicht bestimmt ist, wird bei Kirk, *Optimal Control Theory: An Introduction* (1970), S. 291-308 näher diskutiert.

[110] In dieser Arbeit wird das implizite und explizite Eulerverfahren verwendet, vgl. Knorrenschild, *Numerische Mathematik* (2008), S. 140-146.

bedeutet, das System wechselt zwischen den Iterationsschritten in einem Zeitschritt zwischen zwei oder mehreren Zuständen, ohne zu einer finalen Lösung zu gelangen. Während es möglich ist, die Stabilität des Systems vorab zu überprüfen, werden die Rückkopplung für die Überlagerung der ausgelagerten Zustände während des Modellierungsprozesses empirisch überprüft und gegebenenfalls die Modellierung angepasst.

Zusammengefasst werden zur Berechnung eines zeitminimalen Manövers nach dem beschriebenen Vorgehen folgende Schritte durchgeführt:

- Aus einer initialen Schätzung werden die ausgelagerten Zustände bestimmt und als wegabhängige Parameter übergeben.
- Die optimale Lösung wird aus dem Beschleunigungspotential generiert.
- Basierend auf der optimalen Lösung erfolgt eine Neuberechnung der ausgelagerten Zustände.
- Die Berechnung beginnt von vorne, bis das Abbruchkriterium erreicht ist.

Da die Manöverzeit das Optimierungskriterium darstellt, wird die Iteration als konvergiert betrachtet, wenn die Manöverzeit zwischen zwei Iterationsschritten unverändert ist. Anstatt direkt die Veränderung der Manöverzeit zu betrachten, wird als Abbruchkriterium das quadratische Mittel der Abweichung zwischen der Geschwindigkeit des letzten und des aktuellen Schrittes verwendet. Das quadratische Mittel der Abweichungen der Geschwindigkeit ist ein direkter Indikator für die Manöverzeitveränderung, hat aber gegenüber der Differenz der Manöverzeit den Vorteil, dass eventuell auftretende Fehler nicht in der Lage sind, sich gegenseitig zu kompensieren. Das meint, über den Grenzwert des Abbruchkriteriums wird die Präzision der berechneten Manöverzeit festgelegt.

Ohne die überlagerte Lösung der zeitlich abhängigen Zustände handelt es sich bei der beschriebenen Methode um eine reine quasistatische Vorgehensweise, wie sie im Stand der Technik Kapitel 2 zur Lösung des Rundenzeitproblems beschrieben ist. Die hier beschriebene Methode mit Überlagerung wird im nachfolgenden „erweiterte quasistatische (eqs) Methode“ genannt, da sie auf derselben zeitminimalen Manöverberechnung basiert, wie die quasistatische Methode.

3.2 Beispiel zur Umsetzung der Berechnungsmethode

Das Vorgehen nach Kapitel 3.1 wird anhand eines einfachen Beispiels veranschaulicht. Eine Mondlandefähre wird möglichst zeitminimal auf einem Planeten gelandet, wie in Abbildung 3.1 dargestellt. Während der Landung verbraucht die Fähre Treibstoff, wodurch sie leichter wird. Durch das, daraus folgende, höhere Beschleunigungspotential wird es möglich, schneller zu landen. Es handelt es sich um ein nichtlineares, nicht explizit lösbares Randwertproblem, für das sich eine Zweipunktregelung als optimale Stellgrößenstrategie ergibt[111].

[111] Beispiel aus Kirk, *Optimal Control Theory: An Introduction* (1970), S. 247-248. Dort wird auch die Herleitung der optimalen Steuerung beschrieben.

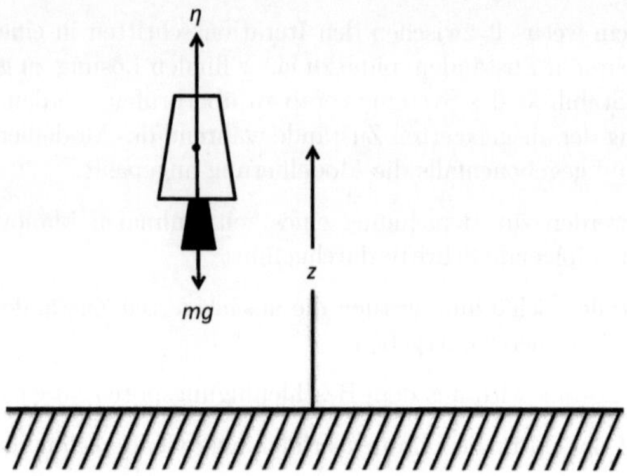

Abbildung 3.1: Mondlandefähre in der Endphase eines Landemanövers. Es wirken die Schubkraft η und die Gewichtskraft mg. Der Abstand zur Oberfläche wird über die aktuelle Höhe z beschrieben[112].

Die Fähre wird durch das folgende Gleichungssystem beschrieben. Die Beschleunigung $\dot{v}$ hängt von der Gravitation, der momentanen Masse m und dem Schub η ab.

$$\dot{v}(t) = g + \frac{\eta(t)}{m(t)} \tag{3.13}$$

Die Masse ändert sich mit dem verbrauchten Treibstoff, der über den Verbrauchsfaktor k berechnet wird.

$$\dot{m}(t) = -k\,\eta(t) \tag{3.14}$$

Es steht nur beschränkter Schub zur Verfügung.

$$0\,\mathrm{N} \leq \eta(t) \leq 5\,\mathrm{N} \tag{3.15}$$

Außerdem werden folgende Parameter verwendet: Schwerkraft $g = 1\,\frac{\mathrm{m}}{\mathrm{s}^2}$, Starthöhe $z(0) = 10\,\mathrm{m}$, Masse $m(0) = 1\,\mathrm{kg}$, Startgeschwindigkeit $v(0) = -10\,\frac{\mathrm{m}}{\mathrm{s}}$ und Verbrauchsfaktor $k = 0{,}05$.

Die zeitminimale Lösung besteht aus einem Abschnitt mit einem Umschaltpunkt. Die Anfangs- und Endzustände sowie die Steuerstrategie sind bekannt. Die veränderliche Masse beeinflusst den Umschaltpunkt und verhindert eine Berechnung mit einer reinen quasistatischen Methode. Deswegen wird die Masse als nicht veränderlich angenommen, um die optimale Lösung über quasistatische Strategie zu berechnen. Damit sind die Voraussetzungen aus Kapitel 3.1 erfüllt, um die erweiterte quasistatische Vorgehensweise anzuwenden.

Dazu wird die Lösung, ausgehend von der Oberfläche, rückwärts und vom gegebenen Startpunkt aus vorwärts über numerische Integration mit maximaler bzw. minimaler Beschleunigung berechnet. Der Punkt der Überschneidung der beiden Geschwindigkeitstrajektorien ist der Umschaltpunkt und damit der Beginn der Bremsphase. Aus dem Steuerverhalten

[112] Nach Kirk, *Optimal Control Theory: An Introduction* (1970), S. 247.

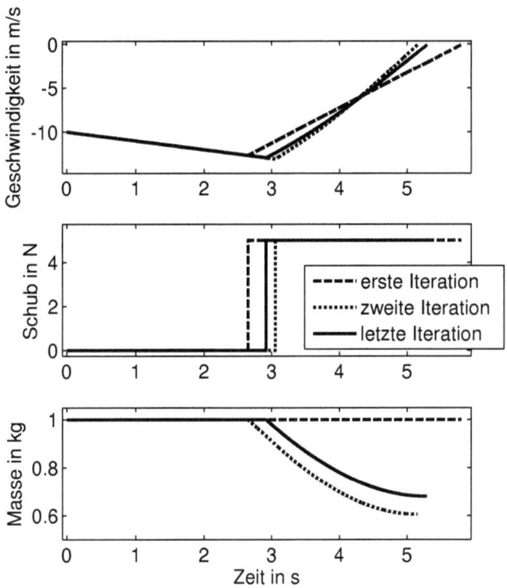

Abbildung 3.2: Geschwindigkeits-, Schub- und Massenverlauf des Landemanövers einer Raumfähre auf einer Planetenoberfläche. Erste, zweite und letzte Iteration der Lösung sind dargestellt.

der Lösung wird die Massenveränderung berechnet. Basierend auf diesem wegabhängigen Verlauf der Masse wird eine neue optimale Lösung berechnet, wodurch wiederum eine neue Massenveränderung induziert wird, sodass die Berechnung von vorne beginnt. Die Iteration wird beendet, sobald der Fehlerwert, gebildet aus der momentanen und vorherigen Geschwindigkeitstrajektorie, innerhalb einer vorgegebenen Toleranz von 0,001 m/s liegt. In diesem Beispiel wird die Iteration nach neun Durchläufen beendet.

Abbildung 3.2 zeigt die erste, zweite und letzte Iteration für Geschwindigkeit, Schub und Masse. Der Verlauf der Masse der zweiten Iteration beruht auf dem Stellgrößenverlauf des ersten Durchlaufs, der wiederum auf dem Masseverlauf der Startlösung basiert. Der berechnete Massenverlauf erzeugt so lange einen veränderten optimalen Stellgrößenverlauf, bis die Dynamik des Systems eingeschwungen ist. Der Umschaltpunkt der Stellgrößen verändert dabei in jeder Iteration die Position, bis er in seiner finalen Lage zum Stillstand kommt.

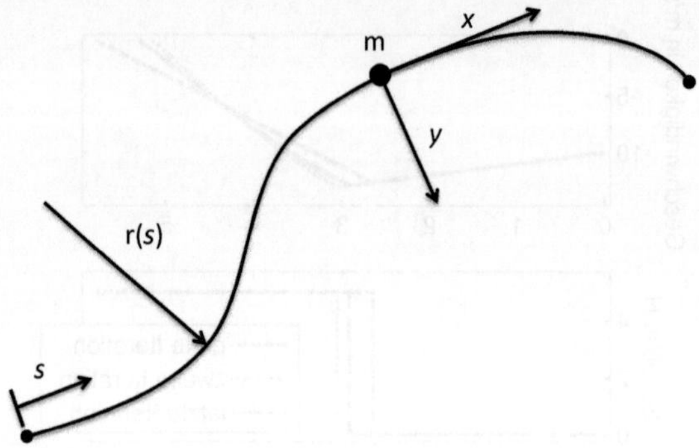

Abbildung 3.3: Schematische Darstellung eines Massepunkts und des Sollpfads. Die Koordinaten x und y bezeichnen die natürlichen Koordinaten des Massepunkts. Die zurückgelegte Wegstrecke wird als s, der Krümmungsradius als $r(s) = 1/\kappa(s)$ bezeichnet.

3.3 Zeitminimale Manöverberechnung für die Rundstrecke

Pontrjagins Minimalprinzip wird zur Herleitung der zeitminimalen Steuerungsstrategie eine punktförmige Masse ohne Trägheiten, die auch als Massepunkt bezeichnet wird, angewandt[113]. Die Masse wird, wie in Abbildung 3.3 dargestellt, auf einem vorgegebenen Pfad geführt. Der Sollpfad wird über den zurückgelegten Weg s und den Krümmungsradius $r(s) = 1/\kappa(s)$ beschrieben. Das Beschleunigungspotential a_{max} des Massepunkts mit der Masse m ist über den maximalen Reibungskoeffizienten $\mu_{max} = a_{max}/g$ begrenzt.

Das System wird über die Geschwindigkeit in Längsrichtung v, die Längsbeschleunigung a_x und die Querbeschleunigung a_y beschrieben. Bei zeitminimalen Problemen gilt $v > 0$.

$$\dot{v}(t) = a_x(t) \tag{3.16}$$

$$v^2(t) = a_y(t)\, r(s) \tag{3.17}$$

$$u^2(t) = a_x^2(t) + a_y^2(t) \tag{3.18}$$

$$-\mu_{max} \leq u(t) \leq \mu_{max} \tag{3.19}$$

Das System wird mit den Zuständen $x_1 = s$ und $x_2 = v$ umformuliert:

$$\dot{x}_1(t) = x_2(t) \tag{3.20}$$

$$\dot{x}_2(t) = u(t)\sqrt{1 - \frac{x_2^4(t)}{u^2(t)\, r^2(x_1)}} \tag{3.21}$$

[113] Velenis und Tsiotras, „Minimum-Time Travel for a Vehicle with Acceleration Limits: Theoretical Analysis and Receding Horizon Implementation" (2008) nutzen eine ähnliche Formulierung für die Herleitung einer semianalytischen Lösung zur zeitminimalen Manöversteuerung.

Die Kostenfunktion für ein zeitminimales Problem lautet:

$$J(u) = \int_{t_0}^{t_f} dt \tag{3.22}$$

Die Hamilton-Funktion wird nach Gleichung (3.4) aufgestellt.

$$\mathcal{H}(x(t), u(t), p(t), t) = 1 + p_1(t)\, x_2(t) + p_2(t)\, u(t) \left(1 - \frac{x_2^4(t)}{u^2(t)\, r^2(x_1)}\right)^{\frac{1}{2}} \tag{3.23}$$

Die optimale Steuerungsstrategie wird über die Beziehung aus Gleichung (3.7) formuliert.

$$u^*(t) = \begin{cases} \mu_{max} & \text{für } \; p_2^*(t)\, c < 0 \\ -\mu_{max} & \text{für } \; p_2^*(t)\, c > 0 \\ \text{unbestimmt} & \text{für } \; p_2^*(t)\, c = 0 \end{cases} \tag{3.24}$$

$$\text{mit } c = \left(1 - \frac{x_2^{*4}(t)}{\mu_{max}^2\, r^2(x_1)}\right)^{\frac{1}{2}} \tag{3.25}$$

Das Problem ergibt nur für $(x_2^2(t) - |\mu_{max}\, r(x_1)|) \leq 0$ reelle Lösungen. Das System wird um den Zustand x_3 erweitert, der nur bei verletzter Ungleichheitsbedingung aktiv ist.

$$\dot{x}_3(t) = \left(x_2^2(t) - |\mu_{max}\, r(x_1)|\right) \epsilon(t) \tag{3.26}$$

$$\epsilon(t) = \begin{cases} 0 & \text{für } \; (x_2^2(t) - |\mu_{max}\, r(x_1)|) \leq 0 \\ 1 & \text{für } \; (x_2^2(t) - |\mu_{max}\, r(x_1)|) > 0 \end{cases} \tag{3.27}$$

Die Hamilton-Gleichung wird um diesen Zustand erweitert.

$$\begin{aligned} &\mathcal{H}_a(x(t), u(t), p(t), t) = \\ &1 + p_1(t)\, x_2(t) + p_2(t)\, u(t) \left(1 - \frac{x_2^4(t)}{\mu_{max}^2\, r^2(x_1)}\right)^{\frac{1}{2}} + p_3(t) \left(x_2^2(t) - |\mu_{max}\, r(x_1)|\right) \epsilon(t) \end{aligned} \tag{3.28}$$

Die Lagrange-Multiplikatoren werden aus der Hamilton-Gleichung hergeleitet.

$$\dot{p}_1^*(t) = -\frac{\partial \mathcal{H}_a}{\partial x_1} = -\frac{p_2^*(t)\, x_2^{*4}(t)\, r'(x_1)}{r^3(x_1)\, u^*(t) \left(1 - \frac{x_2^{*4}(t)}{\mu_{max}^2\, r^2(x_1)}\right)^{\frac{1}{2}}} + p_3^*(t)\, \mu_{max}\, \mathrm{sgn}(r(x_1))\, r'(x_1)\, \epsilon(t) \tag{3.29}$$

$$\dot{p}_2^*(t) = -\frac{\partial \mathcal{H}_a}{\partial x_2} = -p_1^*(t) + \frac{2 p_2^*(t)\, x_2^{*3}(t)}{r^2(x_1)\, u^*(t) \left(1 - \frac{x_2^{*4}(t)}{\mu_{max}^2\, r^2(x_1)}\right)^{\frac{1}{2}}} - 2\, p_3^*(t)\, x_2^*(t)\, \epsilon(t) \tag{3.30}$$

$$\dot{p}_3^*(t) = -\frac{\partial \mathcal{H}_a}{\partial x_3} = 0 \tag{3.31}$$

Damit sind die notwendigen Bedingungen formuliert. Die optimale Steuerungsstrategie ist eine Zweipunktsteuerung. Das bedeutet, das System wird zur Bestimmung der zeitminimalen Lösung immer an der Grenze des Beschleunigungspotentials bewegt. Für einen Abschnitt wird die Masse maximal bis zum Umschaltpunkt beschleunigt, danach wird maximal gebremst, wobei der Querbeschleunigungsbedarf das Längsbeschleunigungspotential beschränkt. Für jeden Zeitschritt wird über den Zusammenhang $(x_2^2(t) - |\mu_{max}\, r(x_1)|) = 0$ eine Geschwindigkeit beschrieben, bei der kein Längsbeschleunigungspotential vorhanden ist. Es ist daher nicht möglich, mit dem System dem Verlauf dieser Geschwindigkeit zu folgen, sie stellt die durch den Reibungskoeffizienten begrenzte, maximal mögliche Geschwindigkeit in jedem Schritt dar. Dieser Geschwindigkeitsverlauf wird im Folgenden Scheitelpunktgeschwindigkeit genannt.

Bereits zur Lösung dieses im Vergleich zur Rundenzeitsimulation mit einem Vollfahrzeugmodell vereinfachten Problems ist es nötig, ein nichtlineares Randwertproblem zu lösen, für das es nicht möglich ist, eine explizite Lösung zu formulieren. Anstatt das optimale Steuerungsproblem explizit zu lösen, wird die optimale Steuerung, wie in Kapitel 3.1 beschrieben, über die erweiterte quasistatische Berechnungsmethode umgesetzt. Im Unterschied zum Beispiel der Mondlandefähre aus dem vorherigen Kapitel 3.2 sind die Start- und Endbedingungen hier nicht gegeben. Daher werden die Minima der Scheitelpunktgeschwindigkeit als Anfangs- und Endbedingung für die einzelnen Abschnitte verwendet. Das bedeutet, durch die Kenntnis der Scheitelpunktgeschwindigkeit wird eine Einteilung in Abschnitte möglich, wodurch die Voraussetzungen zur Anwendung der erweiterten quasistatischen Methode erfüllt sind. Die Lösung wird geschlossen berechnet, das bedeutet, der letzte Zeitschritt entspricht dem ersten. Alle Zustände, die verhindern, dass das System äquivalent zu einem mit Beschleunigungsgrenzen behafteten Massepunkt beschrieben wird, werden ausgelagert. Die Beschleunigungsgrenzen werden aus den verschiedenen Systemparametern wie Reibungskoeffizient des Reifens oder Motorleistung bestimmt.

In Abbildung 3.4 ist das Vorgehen schematisch dargestellt. Basierend auf einer Startlösung wird mit der optimalen Stellgrößenstrategie das zeitminimale Manöver errechnet, das an ein Modell zur Berechnung der ausgelagerten Zustände übergeben wird. Zur Bestimmung des Fahrzeugbeschleunigungspotentials werden in jedem Rechenschritt verschiedene Zustände wie aktuelle Motorleistung und Zustand der Reifen benötigt. Die Zustandsbestimmung berechnet diese für das Fahrzeugbeschleunigungspotential relevanten Zustände und übergibt sie wieder an die zeitminimale Manöverberechnung. Die zeitminimale Manöverberechnung ist eine vereinfachte quasistatische Simulation, da das Beschleunigungspotential bereits berechnet ist und nicht während der qs Berechnung bestimmt wird. Die Zustandsberechnung ist mit einem vollwertigen transienten Fahrzeugmodell vergleichbar, das entlang der optimalen Lösung geführt wird. Da die Zustandsbestimmung zeitbasiert und die zeitminimale Manöverberechnung wegbasiert rechnet, werden die unterschiedlichen Rechenschrittweiten über Interpolation ausgeglichen. Die Iteration wird beendet, wenn sich der aus dem quadratischen Mittel der Abweichung der Geschwindigkeit zwischen vorhergehendem und aktuellem Schritt gebildete Fehlerwert ausschließlich innerhalb der Fehlertoleranz verändert. Der Grenzwert des Fehlerwerts wird über die gewünschte Präzision bestimmt.

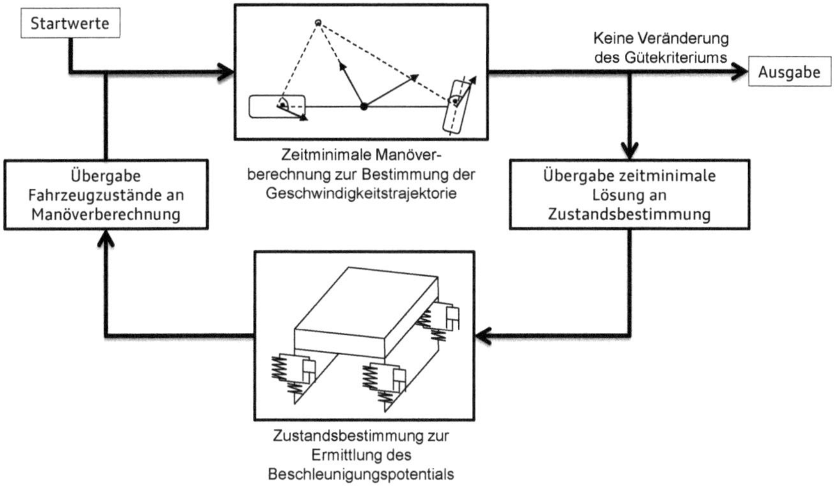

Abbildung 3.4: Funktionsschema der erweiterten quasistatischen Berechnungsmethode zur Berechnung des transienten zeitminimalen Manövers auf der Rundstrecke.

3.4 Fazit

Manöverzeitminimierung für ein Objekt auf vorgegebenem Pfad wird durch Maximierung der mittleren Geschwindigkeit erreicht. Beim quasistatischen Vorgehen wird die maximale durchschnittliche Geschwindigkeit erreicht, indem in jedem Zeitschritt das maximale Längsbeschleunigungspotential umgesetzt wird, das nach Abzug des Querbeschleunigungsbedarfs verbleibt[114]. Das maximale Beschleunigungspotential des quasistatischen Fahrzeugs ist zeitlich unabhängig, daher wird die Lösung, ausgehend von den verschiedenen Startpunkten über numerische Vorwärts- und Rückwärtsintegration, entwickelt. Als Startpunkte für die Berechnung werden die Minima der Scheitelpunktgeschwindigkeit verwendet. Die Minima werden vor der Berechnung der zeitminimalen Geschwindigkeitstrajektorie identifiziert.

Die Robustheit und Präzision des quasistatischen Vorgehens ist in der möglichen Vorab-erkennung von Scheitelpunkten und der Einteilung der Lösung in Abschnitte begründet. Durch diese Robustheit und Präzision wird es möglich, das ursprüngliche Randwertproblem als Anfangswertproblem zu betrachten.

Zeitlich abhängige Zustände verhindern die Vorabberechnung der Scheitelpunktgeschwindigkeit. Das bedeutet, um eine Methode ähnlich der quasistatischen Simulation unter Berücksichtigung der Fahrzeugdynamik zu verwenden, werden die transienten Zustände während der zeitminimalen Manöverberechnung wie wegabhängige Parameter behandelt. Da sich transiente Zustände und zeitminimale Manöverberechnung gegenseitig beeinflussen, wird die Lösung iterativ berechnet. Durch die Berechnung des zeitminimalen Manövers

[114] Siehe Gleichung (3.21)

über eine quasistatische Methode, wird das Fahrzeug in jedem Zeitschritt auf einer vorgegebenen Krümmung an der Kraftschlussgrenze bewegt.

Zusammenfassend ist damit ein Ansatz beschrieben, für den aufgrund der Beibehaltung des quasistatischen Lösungsprinzips angenommen wird, dass er eine der quasistatischen Simulation vergleichbare Robustheit und Präzision aufweist. Somit erlaubt der Ansatz eine genaue Beurteilung der Rundenzeitsensitivität des transienten Fahrzeugverhaltens. Diese Annahme wird nach der Umsetzung in einem Simulationsmodell über den Abgleich mit realen Streckenergebnissen validiert.

Für die Umsetzung der Methode ist es nötig, Schnittstellen zwischen transienter Zustandsberechnung und Manöverberechnung zu definieren. Für jede transiente Größe, die eine Schnittstelle zur quasistatischen Lösung hat, wird die Höhe der Rückkopplung untersucht, um ein konvergentes Verhalten sicherzustellen. Die Konvergenz der Methode hängt von der Wahl der Schnittstellen ab. Nicht alle transienten Größen der Modellbeschreibung haben eine Schnittstelle zur zeitminimalen Lösung. Dies hängt davon ab, ob sie zur Berechnung des Beschleunigungspotentials in der quasistatischen Methode benötigt werden.

Mit der beschriebenen Methode ist es nicht möglich, Begrenzungen der Stellgrößengeschwindigkeit zu untersuchen, da sie Einfluss auf die Stellgrößenstrategie haben, sodass in diesem Fall die Zweipunktregelung der quasistatischen Lösungsmethode nicht mehr anwendbar ist.

Wenn es aufgrund verschiedener transienter Zustände nötig ist, zur Ermittlung der zeitminimalen Lösung unterhalb der maximalen Kraftschlussgrenze zu fahren, wird dies in der hier beschriebenen Methode nicht erkannt. In der Validierung der Methode wird überprüft, ob sich diese konzeptionellen Nachteile auf die Bewertbarkeit auswirken.

4 Modellaufbau und Umsetzung

Die entwickelte Berechnungsmethode wird als Vollfahrzeugmodell aufgebaut, um die Erfüllung der Anforderung und den Mehrwert der Integration der transienten Größen zu überprüfen. Die erweiterte quasistatische Simulation besteht aus einer zeitminimalen Manöverberechnung und einer Zustandsberechnung.

Zur zeitminimalen Manöverberechnung werden drei verschiedene quasistatische Berechnungsmodelle entwickelt, die auf einem Massepunkt-, Einspur- und Zweispurmodell basieren. Durch diese stufenweise aufwändigere Modellierung wird veranschaulicht, in welchem Bereich der Mehrwert der komplexeren Modellierung liegt.

Die Zustandsbestimmung erfolgt über eine Modellierung der fahrdynamischen Zusammenhänge, wie sie von Mitschke[115] und Milliken und Milliken[116] beschrieben werden. Das Beschleunigungsverhalten des Fahrzeugs wird durch die Interaktion zwischen Reifen, Aerodynamik, Motor, Massenverteilung, Fahrwerk und Fahrbahn dargelegt. Um das Fahrzeug zu beschleunigen, werden die Längs- und Querkräfte von den Reifen auf die Fahrbahn übertragen. Der jeweilige Kraftzustand des Reifens wird durch die anliegende Radlast, den Schlupfzustand, die Geometrie der Reifenaufstandsfläche und den thermischen Zustand des Reifens bestimmt. Die am Reifen anliegende Radlast wird durch Fahrzeuggewicht, Lastwechselreaktionen im Aufbau und aerodynamischen Abtrieb verursacht. Die Trägheitskräfte werden über das Fahrwerk und die Feder-/Dämpferelemente an das Rad übertragen und resultieren in einer Radlastverschiebung. Das maximale Längskraftpotential wird durch die maximale Motorleistung und das Bremsmoment beschränkt. Auf das Kräftegleichgewicht in Längsrichtung wirken außerdem Luft- und Rollwiderstand.

Die Schnittstellen werden auf ein Minimum reduziert, indem zur Beschreibung der Reifen das Reifenkraftpotential als Übergabegröße gewählt wird. Bei dem Reifenkraftpotential handelt es sich um einen Parametersatz, der die Berechnung der Reifenkraft aus dem Schlupfzustand erlaubt. Dadurch wird ein möglichst hoher Anteil der transienten Zustände ohne direkte Schnittstelle zur zeitminimalen Manöverberechnung in der Zustandsberechnung beschrieben.

Die quasistatische Methode findet also den optimalen Kompromiss aus allen Schlupfzuständen der Reifen, um die maximale Quer- und Längskraft des Fahrzeugmodells zu bestimmen. Die Zustandsbestimmung berechnet aus den fahrdynamischen Zuständen die das Fahrzeugbeschleunigungspotential beschreibenden Parameter.

[115]Mitschke, *Dynamik der Kraftfahrzeuge* (2004).
[116]Milliken und Milliken, *Race Car Vehicle Dynamics* (1995).

4.1 Quasistatische Rundenzeitminimierung

Im Vergleich zur reinen quasistatischen Methode arbeitet die hier verwendete Methode an Stelle der quasistatisch berechneten Beschleunigungsgrenzen mit den dynamisch berechneten Werten der Zustandsbestimmung.

Die im Stand der Technik beschriebene Möglichkeit der reduzierten Formulierung aller drei Modellebenen als GG-Diagramm zeigt, dass die Ein- und Zweispurmodellbeschreibung auf die Dimension eines Massepunkts reduzierbar ist. Daher wird für alle drei Modellierungsebenen dieselbe, im vorherigen Kapitel 3.3 beschriebene Lösungsstrategie angewendet.

In der quasistatischen Berechnungsmethode wird in jedem Zeitschritt die maximal mögliche Beschleunigung gestellt. Dazu wird der Fahrzeugzustand gesucht, bei dem das vorhandene Fahrzeugbeschleunigungspotential maximal ausgenutzt wird und gleichzeitig die vorgegebenen Nebenbedingungen eingehalten werden. Da es sich bei den verwendeten Modellen um nichtlineare, nicht invertierbare Systeme handelt, wird das Optimum numerisch über nichtlineare Programmierung berechnet. Genauer werden die Zustände über sequentielle quadratische Programmierung[117] $x \in \mathbb{R}^{n_x}$ berechnet, die die Zielfunktion $f : \mathbb{R}^{n_x} \rightarrow \mathbb{R}$ minimieren:

$$\min_{x \in R^{n_x}} f(x) \tag{4.1}$$

Als Nebenbedingungen werden die Gleichheitsbedingung $h : \mathbb{R}^{n_x} \rightarrow \mathbb{R}^{n_h}$ und die Ungleichheitsbedingung $g : \mathbb{R}^{n_x} \rightarrow \mathbb{R}^{n_g}$ erfüllt:

$$h(x) = 0 \tag{4.2}$$

$$g(x) \leq 0 \tag{4.3}$$

Anhand eines einfachen Punktmassenmodells wird die Vorgehensweise erläutert, um das Modell anschließend schrittweise auf ein Einspur- und Zweispurmodell zu erweitern.

Die Beschreibung der Längs- und Querkraft der Reifen erfolgt in allen drei Modellen durch ein nichtlineares Reifenmodell[118] der allgemeinen Form:

$$(F_x, F_y) = f(s_x, s_y, F_m(F_z, T)) \tag{4.4}$$

F_x, F_y ist die Kraft in x und y Richtung der Reifenkoordinaten. Der Schlupfzustand des Reifens wird über den Längsschlupf s_x und Querschlupf s_y beschrieben. Der Schlupf hängt von der jeweiligen Drehgeschwindigkeit ω, dem Reifenradius R_{roll} sowie der Längs- und Quergeschwindigkeit $v_{x,y}$ des Reifens ab. Zum Vergleich ist die Umrechnung aus dem von Pacejka[119] verwendeten Schlupf s_k und Schräglaufwinkel α angegeben.

$$s_x = \frac{\omega\, R_{roll} - v_x}{\omega\, R_{roll}} = \frac{s_k}{1 + s_k} \qquad s_y = \frac{v_y}{\omega\, R_{roll}} = \frac{\tan\alpha}{1 + s_k} \tag{4.5}$$

Um die Polstelle der Schlupfdefinition und damit numerisch nicht verwendbare Ergebnisse zu vermeiden, wird im Fall $\omega = 0$ die Maschinengenauigkeit ε als Drehgeschwindigkeit $\omega = \varepsilon$ verwendet.

[117] Nocedal und Wright, *Numerical Optimization* (2006), S. 526-572.

[118] Eine ausführliche Beschreibung erfolgt in Kapitel 4.2.2.

[119] Pacejka, *Tire and Vehicle Dynamics* (2002).

Die Größe F_m enthält die zur Berechnung der Reifenkraft nötigen Parameter. Die Reifenkraftparameter F_m werden in der Zustandsbestimmung berechnet und an das quasistatische Modell übergeben. Zustände wie Radlast F_z und Reifentemperaturzustand T sind implizit in den Reifenkraftparametern enthalten.

4.1.1 Massepunkt

Der Massepunkt ist, wie in Kapitel 3.3 ausgeführt, eine reduzierte Beschreibung des Fahrzeugs durch eine Masse ohne Drehträgheiten sowie das maximale Kraftpotential. Der Sollpfad wird über die Wegstrecke s und die Krümmung $\kappa(s)$ beschrieben. Im Vergleich zum Massepunkt im Kapitel 3.3 ist das Kraftpotential in dem hier beschriebenen Modell nur implizit über die nichtlineare Reifenbeschreibung gegeben.

Das System wird über das longitudinale und laterale Kräftegleichgewicht beschrieben.

$$m\,a_x = F_x - F_L - F_{roll} \tag{4.6}$$

$$m\,a_y = F_y \tag{4.7}$$

Im Gegensatz zum reinen quasistatischen Vorgehen erhält die quasistatische Berechnung der eqs-Methode vorberechnete Zustände $\mathcal{Z}$ vom transienten Modell oder der Startlösung. Im Fall der Modellierung als Massepunkt werden maximale Motorleistung P, maximale Bremskraft $F_{b_{max}}$, Fahrzeugmasse m, Reifenkraftparameter F_m, Rollwiderstand F_{roll} und Luftwiderstand F_L in jedem Wegschritt aus den jeweiligen Zuständen des transienten Modells über Interpolation berechnet.

$$\mathcal{Z} = \begin{pmatrix} P \\ F_{b_{max}} \\ m \\ F_m \\ F_{roll} \\ F_L \end{pmatrix} \tag{4.8}$$

Als Startpunkte werden die Minima der Scheitelpunktgeschwindigkeit und deren Lage berechnet. Über das maximal verfügbare Querbeschleunigungspotential wird in jedem Zeitschritt die maximal mögliche Geschwindigkeit unter der Voraussetzung berechnet, dass die Längsbeschleunigung gleich null ist. Folgendes Optimierungsproblem wird dazu gelöst:

$$f(x) = -F_y\,\mathrm{sgn}(\kappa) \tag{4.9}$$

$$h(x) = F_x - F_L \tag{4.10}$$

$$g(x) = F_x - \frac{P}{v} + F_{roll} \tag{4.11}$$

$$x = \begin{pmatrix} s_x \\ s_y \end{pmatrix} \tag{4.12}$$

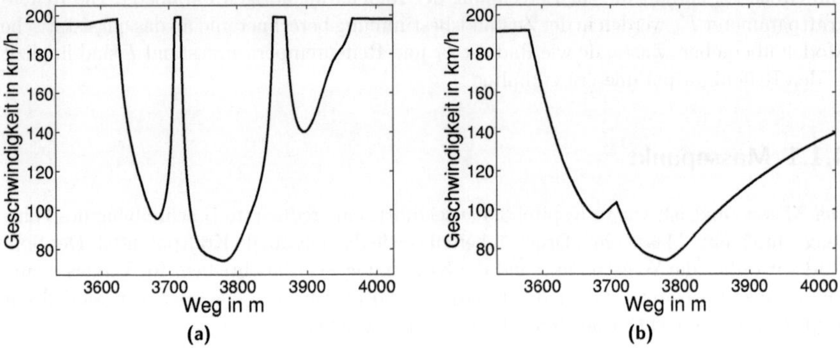

Abbildung 4.1: Verlauf der Scheitelspunktgeschwindigkeit (a) und tatsächlich umsetzbaren Geschwindigkeit (b) für eine exemplarische Kurvenkombination.

Die Scheitelpunktgeschwindigkeit ist in Abbildung 4.1 (a) dargestellt. Die Minima der Scheitelpunktgeschwindigkeit sind die Anfangs- und Endpunkte der einzelnen Abschnitte. Ausgehend von diesen Punkten wird unter Ausnutzung des maximalen Kraftpotentials – wie in Abbildung 4.1 (b) dargestellt – die vollständige tatsächlich umsetzbare Geschwindigkeitstrajektorie entwickelt. Zuerst wird vorwärts beschleunigt, dann wird die Bremstrajektorie rückwärts berechnet. Als Startpunkt wird der langsamste Scheitelpunkt gewählt. Damit wird sichergestellt, dass eventuell nicht erreichte Scheitelpunktminima wie das letzte Minima in Abbildung 4.1 nicht fälschlicherweise als Startwert für einen Abschnitt verwendet werden.

Die für eine bestimmte Geschwindigkeit benötigte Querkraft wird über $F_{y_{soll}} = m\,v^2\,\kappa$ berechnet. Über die Nebenbedingungen wird in jedem Schritt sichergestellt, dass die maximal verfügbare Leistung nicht überschritten wird. Für jeden Beschleunigungsschritt wird überprüft, ob im darauf folgenden Schritt durch die umgesetzte Beschleunigung die Bedingung $v \leq v_{apex}$ erfüllt ist. Andernfalls wird die Längsbeschleunigung aus der Scheitelpunktgeschwindigkeit v_{apex} errechnet. Für die Berechnung der maximal möglichen Längskraft für positive und negative Beschleunigung wird das Optimierungsproblem folgendermaßen formuliert:

$$x = \begin{pmatrix} s_x \\ s_y \end{pmatrix} \tag{4.13}$$

$$f(x) = -F_x \operatorname{sgn}(a_{x_{soll}}) \tag{4.14}$$

$$h(x) = F_y - F_{y_{soll}} \tag{4.15}$$

Die Ungleichheitsbedingung für die Beschleunigung lautet:

$$g(x) = F_x - (\frac{P}{v} - F_{roll}) \tag{4.16}$$

Für die Bremsung wird stattdessen folgende Ungleichheitsbedingung verwendet:

$$g(x) = F_x - (F_{b_{max}} + F_{roll}) \tag{4.17}$$

Es werden dieselben Stellgrößen x verwendet wie für die Berechnung der Scheitelpunktgeschwindigkeit. Während der Rollwiderstand beim Beschleunigen von der leistungsbegrenzten Längskraft abgezogen wird, addiert sich der Rollwiderstand bei der Bremsung zur maximal durch den Fahrer stellbaren Bremskraft. Der maximale Reifenkraftschluss bleibt vom Rollwiderstand unbeeinflusst.

4.1.2 Einspurmodell

Ein Einspurmodell – wie beschrieben bei Mitschke[120] und dargestellt in Abbildung 4.2 – ist eine reduzierte Beschreibung des realen Fahrzeugs durch zwei Räder. Die Vorder- und Hinterräder werden jeweils zu einem Rad zusammengefasst, das dann ein achssymmetrisches Querkraftpotential aufweist. Weiterhin werden die Trägheit um die Hochachse θ_z, die Fahrzeugmasse m sowie die Schwerpunktlängsposition, beschrieben durch die Hebelarme $l_{v,h}$, benötigt. Der Schwerpunkt des Modellfahrzeugs befindet sich auf Bodenhöhe, die Radlastverschiebung ist in dem vom transienten Modell berechneten Reifenpotential enthalten. Das Fahrzeug ist mit Heckantrieb, Vorderachslenkung und Zweikreisbremsanlage mit der Bremskraftverteilung $b_{bal} = \frac{F_{x_v}}{F_{x_v}+F_{x_h}}$ modelliert. Es werden kleine Lenkwinkel ($\delta_v < 10\,°$) und Schwimmwinkel ($\beta < 5\,°$) angenommen, diese Annahme ist nach Mitschke auch im fahrdynamischen Grenzbereich gültig. Die geometrischen Zusammenhänge der Schräglaufwinkel $\alpha_{v,h}$, Schwimmwinkel β, Lenkwinkel δ_v und Giergeschwindigkeit $\dot{\psi}$ werden beschrieben über:

$$\alpha_v = -\beta + \delta_v - l_v \frac{\dot{\psi}}{v} \tag{4.18}$$

$$\alpha_h = -\beta + l_h \frac{\dot{\psi}}{v} \tag{4.19}$$

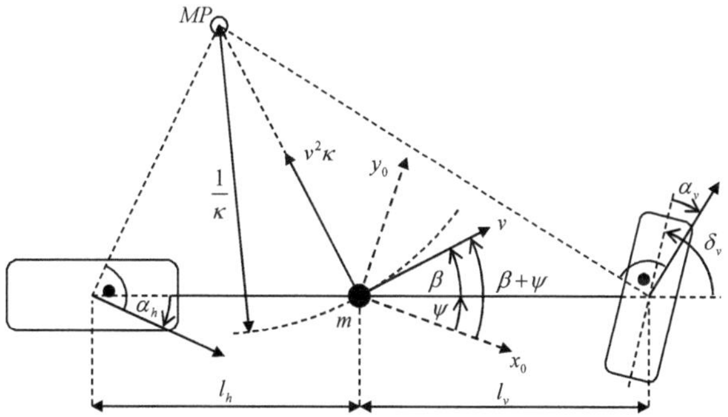

Abbildung 4.2: Modell des Einspurfahrzeugs. Dargestellt werden unter anderem der Momentanpol (MP) der Kurve, die Krümmung κ, der Schräglaufwinkel α, der Schwimmwinkel β, der Lenkwinkel δ und die Position des Schwerpunkts in Längsrichtung l.

[120]Mitschke, *Dynamik der Kraftfahrzeuge* (2004), S. 547-554.

Die vorderen Reifenkräfte werden in die Fahrzeugkoordinaten transformiert.

$$F^{\star}_{x_v} = F_{x_v} - \delta_v\, F_{y_v} \tag{4.20}$$

$$F^{\star}_{y_v} = F_{y_v} + \delta_v\, F_{x_v} \tag{4.21}$$

Anschließend wird das Kräftegleichgewicht im Koordinatensystem des tatsächlichen Geschwindigkeitsvektors v gebildet, der zum Fahrzeugkoordinatensystem um den Schwimmwinkel verdreht ist.

$$m\, a_x = F_{x_h} + F^{\star}_{x_v} - F_L + \beta\,(F_{y_h} + F^{\star}_{y_v}) \tag{4.22}$$

$$m\, a_y = F_{y_h} + F^{\star}_{y_v} - \beta\,(F_{x_h} + F^{\star}_{x_v} - F_L) \tag{4.23}$$

$$\Theta_z\, \ddot{\psi} = F^{\star}_{y_v}\, l_v - F_{y_h}\, l_h \tag{4.24}$$

Die Berechnung der Geschwindigkeit erfolgt wie beim Massepunkt aus Kapitel 4.1.1. Erst wird die Scheitelpunktgeschwindigkeit, anschließend die tatsächlich umsetzbare Geschwindigkeit berechnet. Gegenüber dem Massepunkt erfordert die Berechnung des maximalen Kraftpotentials weitere Größen, die von der Zustandsberechnung übergeben werden.

$$\mathcal{Z} = \begin{pmatrix} P \\ F_{b_{max}} \\ m \\ F_{m_{v,h}} \\ M_{z_{soll}} \\ F_{roll_{v,h}} \\ F_L \\ b_{bal} \\ \Delta F_x \\ \Delta F_y \end{pmatrix} \tag{4.25}$$

Die Terme $\Delta F_y = \delta_v\, F_{x_v} - \beta\,(F_{x_h} + F^{\star}_{x_v} - F_L)$ und $\Delta F_x = \beta\,(F_{y_h} + F^{\star}_{y_v}) - \delta_v\, F_{y_v}$ werden als Störterm in der Bewegungsgleichung verwendet. Für das Momentengleichgewicht wird kein Störterm verwendet, da $\delta_v\, F_{x_v}$ in der Sollmomentvorgabe $M_{z_{soll}}$ enthalten ist. Durch diese Entkopplung der Bewegungsgleichung wird es möglich, die Sollquerkraft beider Räder getrennt voneinander zu berechnen, um so die Optimierung durch die reduzierte Anzahl an Nebenbedingungen zu vereinfachen.

Zur Berechnung der Scheitelpunktgeschwindigkeit wird die maximal mögliche Querkraft an jedem Rad berechnet. Anschließend wird über einen Abgleich mit dem Sollgiermoment überprüft, ob das Momentengleichgewicht nach Gleichung (4.24) erfüllt wird. Ist dies nicht der Fall, wird über das geforderte Sollmoment jenes Rads neu berechnet, an dem es nötig ist, zur Erfüllung des Momentengleichgewichts die Querkraft zu reduzieren.

Für Berechnung der Kräfte von Vorder- und Hinterreifen werden Längs- und Querschlupf als Stellgrößen verwendet.

$$x = \begin{pmatrix} s_{x_{v,h}} \\ s_{y_{v,h}} \end{pmatrix} \tag{4.26}$$

Für den Vorderreifen wird die Querkraft maximiert, während die Längskraft dem Rollwiderstand entspricht.

$$f(x) = -F_{y_v}\,\mathrm{sgn}(\kappa) \tag{4.27}$$

$$h(x) = F_{x_v} + F_{roll_v} \tag{4.28}$$

Am Hinterreifen wird die maximal mögliche Querkraft berechnet unter der Bedingung, dass keine Längsbeschleunigung auftritt und die Längskraft geringer ist als die aus der Motorleistung resultierende maximale Längskraft.

$$f(x) = -F_{y_h}\,\mathrm{sgn}(\kappa) \tag{4.29}$$

$$h(x) = F_{x_h} - F_{roll_v} - F_L + \Delta F_x \tag{4.30}$$

$$g(x) = F_{x_h} - \frac{P}{v} + F_{roll_h} \tag{4.31}$$

Der Rollwiderstand des Hinterreifens wird zusammen mit der Motorleistung als Grenzwert der verfügbaren Längskraft verwendet, damit wirkt sich der Rollwiderstand nicht auf den Schlupfzustand des Reifens aus.

Über den Vergleich mit dem Sollgiermoment wird die Sollquerkraft für die Reifen bestimmt.

$$F_{y_v\,soll} = \begin{cases} \frac{M_{z_{soll}} + F_{y_h\,max}\,l_h}{l_v} & \text{für } |F_{y_v\,max}\,l_v| > |F_{y_h\,max}\,l_h + M_{z_{soll}}| \\ F_{y_v\,max} & \text{für } |F_{y_v\,max}\,l_v| \leq |F_{y_h\,max}\,l_h + M_{z_{soll}}| \end{cases} \tag{4.32}$$

$$F_{y_h\,soll} = \begin{cases} \frac{F_{y_v\,max}\,l_v - M_{z_{soll}}}{l_h} & \text{für } |F_{y_h\,max}\,l_h| > |F_{y_v\,max}\,l_v - M_{z_{soll}}| \\ F_{y_h\,max} & \text{für } |F_{y_h\,max}\,l_h| \leq |F_{y_v\,max}\,l_v - M_{z_{soll}}| \end{cases} \tag{4.33}$$

Für den Fall, dass die Sollquerkraft geringer als die maximale Querkraft ist, werden aus der Sollkraft die Stellgrößen ermittelt. Die Kostenfunktion ist frei wählbar, da das System über die Nebenbedingungen festgelegt ist.

$$h(x) = \begin{pmatrix} F_{y_{v,h}} - F_{y_{v,h\,soll}} \\ F_{x_{v,h}} - F_{x_{v,h\,soll}} \end{pmatrix} \tag{4.34}$$

Zur Berechnung der tatsächlich umsetzbaren Geschwindigkeit wird, ausgehend von den Minima der Scheitelpunktlösung, wie bei der Punktmasse erst die Beschleunigung vorwärts entwickelt, anschließend die Bremsung rückwärts. Für jeden Zeitschritt wird die maximale positive bzw. negative Beschleunigung umgesetzt, wobei die Bedingung $v < v_{apex}$ für den jeweils nächsten Schritt beachtet wird, um so die Lösbarkeit in jedem Zeitschritt sicherzustellen.

Wie bei der Scheitelpunktsberechnung werden Längs- und Querschlupf als Stellgrößen verwendet.

$$x = \begin{pmatrix} s_{x_{v,h}} \\ s_{y_{v,h}} \end{pmatrix} \tag{4.35}$$

Das Sollmoment um die Hochachse $M_{z_{soll}}$, das in der Zustandsbestimmung berechnet wird, und die Sollquerkraft $F_{y_{soll}} = m\,v^2\,\kappa$ werden zur Berechnung der Sollquerkraft an dem jeweiligen Reifen $F_{y_v\,soll}$ und $F_{y_h\,soll}$ für die Beschleunigungsschritte verwendet.

$$M_{z_{soll}} = F_{y_v\,soll}\,l_v - F_{y_h\,soll}\,l_h \tag{4.36}$$

$$F_{y_{soll}} = F_{y_{v\,soll}} + F_{y_{h\,soll}} + \Delta F_y \tag{4.37}$$

Für die Beschleunigungstrajektorie wird folgendes Optimierungsproblem für den Hinterreifen gelöst:

$$f(x) = -F_{x_h} \tag{4.38}$$

$$h(x) = F_{y_h} - F_{y_{h\,soll}} \tag{4.39}$$

$$g(x) = F_x - \frac{P}{v} + F_{roll_h} \tag{4.40}$$

An den Vorderreifen werden die Sollwerte $F_{x_{v\,soll}} = -F_{roll_v}$ und $F_{y_{v\,soll}}$ gestellt, die sich aus der Geschwindigkeit und der transienten Zustandsbestimmung ergeben.

$$h(x) = \begin{pmatrix} F_{y_v} - F_{y_{v\,soll}} \\ F_{x_v} + F_{roll_v} \end{pmatrix} \tag{4.41}$$

Während beim Beschleunigen nur der Hinterreifen angetrieben wird, werden beim Bremsen beide Räder gebremst. Für den Hinter- und Vorderreifen wird zuerst dieselbe Optimierung gelöst.

$$f(x) = F_{\substack{x_v \\ x_h}} \tag{4.42}$$

$$h(x) = F_{\substack{y_v \\ y_h}} - F_{\substack{y_{v\,soll} \\ y_{h\,soll}}} \tag{4.43}$$

In der durch diese Optimierung berechneten Lösung werden beide Reifen an ihrem Kraftlimit gebremst, wie es bei einer idealen Bremsung der Fall ist. Da die Reifenlängskräfte über die festgelegte Bremskraftverteilung b_{bal} miteinander verkoppelt sind, wird nur ein Reifen an seiner Kraftschlussgrenze bewegt. Für den anderen Reifen wird die sich ergebende Längskraft neu berechnet und der neue Zustand des Reifens wird wie in Gleichung (4.41) berechnet. Nachdem der Zustand maximaler Längkraft der Reifen ermittelt ist, wird überprüft, ob die maximale Bremskraft überschritten wird.

$$g(x) = F_x - F_{roll_v} - F_{roll_h} - F_{b_{max}} \tag{4.44}$$

Wird die maximale Bremskraft überschritten, werden die Reifenkräfte aus der maximalen Bremskraft und der Bremskraftverteilung neu berechnet.

4.1.3 Zweispurmodell

Im Zweispurmodell nach Mitschke[121] werden alle vier Reifen einzeln modelliert, wie in Abbildung 4.3 dargestellt. Die geometrischen Zusammenhänge des Fahrzeugs werden vollständig abgebildet. Durch Linearisierung wird das System nach Mitschke auf eine Beschreibung reduziert, ähnlich den Gleichungen (4.18) und (4.19) des Einspurmodells.

$$\delta_v \mp \delta_{0v} - \alpha_{\substack{vl \\ vr}} = \frac{\beta + \frac{l_v}{v}\dot{\psi}}{1 \mp \frac{w_v}{2v}\dot{\psi}} \tag{4.45}$$

$$\mp\delta_{0h} - \alpha_{\substack{hl \\ hr}} = \frac{\beta - \frac{l_h}{v}\dot{\psi}}{1 \mp \frac{w_h}{2v}\dot{\psi}} \tag{4.46}$$

[121]Mitschke, *Dynamik der Kraftfahrzeuge* (2004), S. 735.

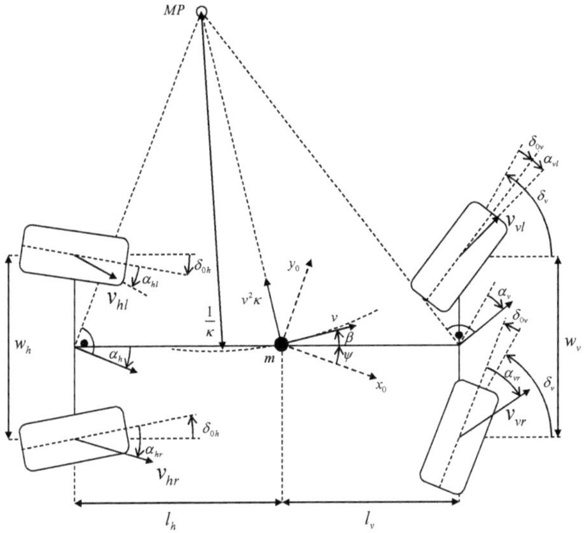

Abbildung 4.3: Modell des Zweispurfahrzeugs. Dargestellt werden unter anderem der Momentanpol (MP) der Kurve, die Schräglaufwinkel α, der Schwimmwinkel β, der Lenkwinkel δ, die Spurwinkeldifferenz δ_0, die Position des Schwerpunkts in Längsrichtung l und die Spurweite w.

Um aus den Schräglaufwinkeln der Achse die Schräglaufwinkel der einzelnen Reifen zu berechnen, werden die Spurwinkeldifferenzen verwendet. Sie enthalten neben dem Spurwinkel auch die Informationen der Lenkkinematik. An der Vorderachse werden sie als Differenzen zum mittleren Spurwinkel $\delta_v = 0{,}5\,(\delta_{vl} + \delta_{vr})$ definiert. An der Hinterachse wird die Differenz zur Nulllage verwendet, da das Fahrzeug an der Hinterachse nicht gelenkt wird. Ohne kinematische Einflüsse entsprechen die Größen dem Spurwinkel, deshalb wird die Vorzeichendefinition der Spurwinkel verwendet.

$$\delta_{\substack{vl\\vr}} = \delta_v \mp \delta_{0v} \tag{4.47}$$

$$\delta_{\substack{hl\\hr}} = \mp\delta_{0h} \tag{4.48}$$

Der Schwimmwinkel β und Lenkwinkel δ_v werden für die Krafttransformation und die Berechnung der Reifenschräglaufwinkel benötigt.

$$\beta = \frac{l_h}{v}\,\dot{\psi} - \alpha_h \tag{4.49}$$

$$\delta_v = \frac{l_v}{v}\,\dot{\psi} + \alpha_v + \beta \tag{4.50}$$

Mit den Schräglaufwinkeln der Achsen, dem Lenkwinkel und den Spurwinkeldifferenzen werden die Schräglaufwinkel an den Reifen berechnet.

$$\alpha_{\substack{vl\\vr}} = \frac{\alpha_v - \delta_v(\mp\frac{w_v}{2v}\dot{\psi})}{1 \mp \frac{w_v}{2v}\dot{\psi}} \mp \delta_{0v} \tag{4.51}$$

$$\alpha_{\substack{hl\\hr}} = \frac{\alpha_h}{1 \mp \frac{w_h}{2v}\dot{\psi}} \mp \delta_{0h} \tag{4.52}$$

Mit dem Schräglaufwinkel und dem Längsschlupf werden der Querschlupf und die Reifenkraft nach Gleichung (4.5) berechnet. Die Reifenkräfte werden in das Fahrzeugkoordinatensystem transformiert.

$$F^{\star}_{\substack{x_{vl}\\x_{vr}}} = F_{\substack{x_{vl}\\x_{vr}}} - (\delta_v \mp \delta_{0v})\, F_{\substack{y_{vl}\\y_{vr}}} \tag{4.53}$$

$$F^{\star}_{\substack{y_{vl}\\y_{vr}}} = F_{\substack{y_{vl}\\y_{vr}}} + (\delta_v \mp \delta_{0v})\, F_{\substack{x_{vl}\\x_{vr}}} \tag{4.54}$$

$$F^{\star}_{\substack{x_{hl}\\x_{hr}}} = F_{\substack{x_{hl}\\x_{hr}}} \pm \delta_{0h}\, F_{\substack{y_{hl}\\y_{hr}}} \tag{4.55}$$

$$F^{\star}_{\substack{y_{hl}\\y_{hr}}} = F_{\substack{y_{hl}\\y_{hr}}} \mp \delta_{0h}\, F_{\substack{x_{hl}\\x_{hr}}} \tag{4.56}$$

Das Kräftegleichgewicht wird im Koordinatensystem der Geschwindigkeit v aufgestellt. Dafür werden die Kräfte in dieses um den Schwimmwinkel β gedrehte Koordinatensystem transformiert.

$$F_x = m\, a_x = F^{\star}_{x_{vl}} + F^{\star}_{x_{vr}} + F^{\star}_{x_{hl}} + F^{\star}_{x_{hl}} - F_L + \beta\,(F^{\star}_{y_{vl}} + F^{\star}_{y_{vr}} + F^{\star}_{y_{hl}} + F^{\star}_{y_{hr}}) \tag{4.57}$$

$$F_y = m\, a_y = F^{\star}_{y_{vl}} + F^{\star}_{y_{vr}} + F^{\star}_{y_{hl}} + F^{\star}_{y_{hr}} - \beta\,(F^{\star}_{x_{vl}} + F^{\star}_{x_{vr}} + F^{\star}_{x_{hl}} + F^{\star}_{x_{hl}} - F_L) \tag{4.58}$$

$$\begin{aligned} M_z = \Theta_z\, \ddot{\psi} &= F^{\star}_{y_{vl}}\, l_v + F^{\star}_{y_{vr}}\, l_v - F^{\star}_{y_{hl}}\, l_h - F^{\star}_{y_{hr}}\, l_h \\ &- \frac{1}{2}\, F^{\star}_{x_{vl}}\, w_v + \frac{1}{2}\, F^{\star}_{x_{vr}}\, w_v - \frac{1}{2}\, F^{\star}_{x_{hl}}\, w_h + \frac{1}{2}\, F^{\star}_{x_{hr}}\, w_h \end{aligned} \tag{4.59}$$

Neben den bereits bekannten Größen wird zur Berechnung des Kraftzustandes des Fahrzeugs die Spurwinkeldifferenzen $\delta_{0_{v,h}}$ und die Giergeschwindigkeit $\dot{\psi}$ übergeben. Das Differentialgetriebe wird über den Zustand L_D entweder als offen oder geschlossen beschrieben. Offen bedeutet, dass Drehzahldifferenz möglich ist. Geschlossen heißt, dass keine Drehzahldifferenz zwischen den Reifen erlaubt ist. Zusätzlich wird der Sperrgrad des Differentialgetriebes als Differenzkraft an der Hinterachse ΔF_{x_h} zwischen linkem und rechtem Rad übergeben. Diese Beschreibung des Differentialgetriebes wird verwendet, um eine Fallunterscheidung innerhalb der numerischen Optimierung zu vermeiden.

$$\mathcal{Z} = \begin{pmatrix} P \\ F_{b_{max}} \\ m \\ F_{m_{vl,vr}} \\ F_{m_{hl,hr}} \\ M_{z_{soll}} \\ F_{roll_{vl,vr,hl,hr}} \\ F_L \\ b_{bal} \\ \dot{\psi} \\ \delta_{0_{v,h}} \\ L_D \\ \Delta F_{x_h} \end{pmatrix} \tag{4.60}$$

Die Berechnung der Scheitelpunktgeschwindigkeit und der tatsächlich umsetzbaren Geschwindigkeit erfolgt wie schon bei der Einspur und dem Massepunkt beschrieben. Aus den Minima der berechneten Scheitelpunktgeschwindigkeit wird die tatsächlich umsetzbare Geschwindigkeit über numerische Integration vorwärts und rückwärts berechnet.

Folgender Zustandsvektor für die Stellgrößen wird verwendet:

$$x = \begin{pmatrix} v \\ s_{x_{vl,vr,hl,hr}} \\ \alpha_{v,h} \end{pmatrix} \tag{4.61}$$

Für ein geschlossenes Differentialgetriebe wird der Längsschlupf an der Hinterachse zu einem Freiheitsgrad s_{x_h} reduziert. Der Reifenschlupf wird radindividuell berechnet.

Die Berechnung der Scheitelpunksgeschwindigkeit erfolgt nach folgender Optimierung:

$$f(x) = -F_y \operatorname{sgn}(\kappa) \tag{4.62}$$

$$h(x) = \begin{pmatrix} F_x \\ F_{x_{vl}} + F_{roll_{vl}} \\ F_{x_{vr}} + F_{roll_{vr}} \\ F_{x_{hl}} - F_{x_{hr}} + \Delta F_{x_h} \\ M_z - M_{z_{soll}} \\ m\,\kappa\, v^2 - F_y \end{pmatrix} \tag{4.63}$$

$$g(x) = F_{x_{hl}} + F_{x_{hr}} + F_{roll_{hl}} + F_{roll_{hr}} - \frac{P}{v} \tag{4.64}$$

Der Zusammenhang $F_{x_{hl}} - F_{x_{hr}} + \Delta F_{x_h}$ gilt nur bei offenem Differenzial. In der hier verwendeten Zweispurmodellierung wird die Geschwindigkeit zur Berechnung des Kraftzustands des Fahrzeugs benötigt, da die Geschwindigkeit Einfluss auf Schräglaufwinkel, Schwimmwinkel und Lenkwinkel hat, wie in Gleichung (4.49) bis (4.52) beschrieben. Um eine iterative Berechnung zu vermeiden, wird die Geschwindigkeit als Stellgröße verwendet. Die aus der Geschwindigkeit resultierende Sollquerkraft wird in den Nebenbedingungen der Optimierung mit der tatsächlich übertragenen Querkraft abgeglichen.

Die Geschwindigkeit wird auch für die Beschleunigungs- und Bremsphase als Stellgröße beibehalten. Für die Beschleunigung wird die maximale Längskraft berechnet nach:

$$f(x) = -F_x \tag{4.65}$$

$$h(x) = \begin{pmatrix} F_{x_{vl}} + F_{roll_{vl}} \\ F_{x_{vr}} + F_{roll_{vr}} \\ F_{x_{hl}} - F_{x_{hr}} + \Delta F_{x_h} \\ M_z - M_{z_{soll}} \\ m\,\kappa\,v^2 - F_y \end{pmatrix} \tag{4.66}$$

$$g(x) = F_{x_{hl}} + F_{x_{hr}} + F_{roll_{hl}} + F_{roll_{hr}} - \frac{P}{v} \tag{4.67}$$

Für die Berechnung der Bremstrajektorie wird folgende Optimierung durchgeführt:

$$f(x) = F_x \tag{4.68}$$

$$h(x) = \begin{pmatrix} F_{x_{vl}} - F_{x_{vr}} \\ F_{x_{hl}} - F_{x_{hr}} + \Delta F_{x_h} \\ b_{bal\,ist} - b_{bal\,soll} \\ M_z - M_{z_{soll}} \\ m\,\kappa\,v^2 - F_y \end{pmatrix} \tag{4.69}$$

$$g(x) = F_{x_{hl}} + F_{x_{hr}} + F_{x_{vl}} + F_{x_{vr}} - F_{b_{max}} - F_{roll_{vl}} - F_{roll_{vr}} - F_{roll_{hl}} - F_{roll_{hr}} \tag{4.70}$$

Der Zusammenhang $F_{x_{hl}} - F_{x_{hr}} + \Delta F_{x_h}$ wird nur bei offenem Differenzial verwendet. Im Vergleich zur Beschleunigung sind bei der Bremsung die linke und rechte Längskraftkomponente an der Vorderachse gleich groß. Außerdem wird überprüft, dass die tatsächlich auftretende Bremsbalance $b_{bal\,ist} = \frac{F_{x_v}}{F_{x_v}+F_{x_h}}$ mit der vorgegebenen Bremsbalance übereinstimmt.

4.2 Transiente Zustandsbestimmung

Die Beschreibung der transienten Zustandsbestimmung erfolgt über die Aufteilung der Funktionsbereiche in eine Beschreibung von Fahrbahn, Reifen, Aerodynamik, Aufbau, Fahrwerk, Gier- und Längsdynamik. Zur Beschreibung des transienten Fahrzeugverhaltens werden bekannte Modellierungsansätze verwendet. Die jeweiligen Ein- und Ausgänge des Systems werden innerhalb der Vorgaben der Umsetzung gewählt.

Von der quasistatischen Berechnung erhält das transiente Modell alle Kräfte an den Reifen, den Längs- und Querschlupf aller Reifen, Längs- und Querbeschleunigung des Aufbaus sowie die Fahrzeuggeschwindigkeit. Die Ausgänge der transienten Zustandsbestimmung entsprechen den Eingängen der quasistatischen Methode im vorherigen Kapitel.

4.2.1 Fahrbahn

Der in der Berechnungsmethode vorgegebene Sollpfad wird von der tatsächlich gefahrenen Fahrlinie abgleitet und über Weg und Krümmung beschrieben. Die Krümmung wird aus der Fahrzeuggeschwindigkeit und Querbeschleunigung errechnet, wobei, wie bei Casanova[122] beschrieben, die Querbeschleunigung aufgrund des starken Signalrauschens gefiltert wird und ein Skalierungsfaktor nötig ist, um die Strecke zu schließen.

Neben der Krümmung sind hochfrequente Fahrbahnunebenheiten und niederfrequente Höhenänderung relevant für die Rundenzeitberechnung. Eine wegabhängige z-Koordinate z_S beschreibt die Vertikalanregung in jedem Fußpunkt unter dem Reifen.

Die Daten werden entweder aus direkter Streckenvermessung[123] in Kombination mit „Tandem-Ellipsen-Korrektur“ nach Pacejka[124] oder aus dem Abgleich mit, bei Streckenfahrt aufgezeichneten Messdaten erzeugt.

Um die Vertikalanregung aus Streckendaten zu erzeugen, wird die Fahrzeugbeschreibung invertiert. Das bedeutet, die Differentialgleichung wird so umgestellt, dass die Bodenanregung die Ausgangsgröße des Systems ist, während Radbeschleunigung $\ddot{z}$ und Kraft zwischen Rad und Aufbau F_A die Eingangsgröße darstellen. Für ein Viertelfahrzeug ergibt sich die Kraftanregung durch Unebenheiten F_R nach:

$$F_R = m_R \ddot{z}_R + F_A \tag{4.71}$$

Die Weganregung z_S wird über die invertierte Reifenbeschreibung formuliert. Der Reifen wird als Hookesches Federelement mit der Federhärte c_R beschrieben.

$$z_S = z_R + \frac{F_R}{c_R} \tag{4.72}$$

122 Casanova, „On Minimum Time Vehicle Manoeuvring: The Theoretical Optimal Lap“ (2000), S. 45-58.

123 Laserabtastmethode vergleichbar mit dem Vorgehen beschrieben bei Yu u. a., „3D Reconstruction of Road Surfaces Using an Integrated Multi-Sensory Approach“ (2007).

124 Pacejka, *Tire and Vehicle Dynamics* (2002), S. 493-495.

Die Fahrzeugparametrierung entspricht dem Fahrzeugparametersatz, der zum Zeitpunkt der Messdatenaufzeichnung im realen Fahrzeug verbaut war. Um auftretende Abweichungen auszugleichen, die aus Mess- und Modellungenauigkeiten resultieren, wird die inverse Lösung als Startlösung für einen Optimierungsdurchlauf verwendet. Dieser verwendet ein vollständiges Fahrzeugmodell, um die Aufbaubewegung zu berechnen, die aus der Fußpunktanregung resultiert. Über eine Methode der kleinsten Fehlerquadrate[125] werden die Fußpunktanregung z_S so adaptiert, dass die Abweichung zwischen Federwegen von Simulation und realen Messdaten minimiert werden.

4.2.2 Reifen

Das mechanische Reifenmodell beruht auf dem semi-empirischen Reifenmodell TMeasy von Rill[126] und wird bei Völkl u. a.[127] detailliert beschrieben. Dieses mechanische Reifenmodell bietet durch seine einfache empirische Beschreibung die Möglichkeit, die Erweiterungen um die thermische und die transiente Modellbeschreibung modular aufzubauen und erlaubt es damit, die Parameter der verschiedenen Bereiche isoliert zu identifizieren. Der Reifen wird über die Parameter Schlupf bei Maximalkraft $s_{M_{x,y}}$, Schlupf bei reinem Gleiten $s_{S_{x,y}}$, Maximalkraft $F_{M_{x,y}}$, Kraft bei reinem Gleiten $F_{S_{x,y}}$, Schräglaufsteifigkeit $c^n_{0_y}$ und Längssteifigkeit $c^n_{0_x}$ beschrieben. Diese Parameter sind für zwei Radlasten definiert. Die Variation der Parameter über Last und damit die Radlastdegression wird bei Rill beschrieben. Abbildung 4.4 zeigt die Parameter anhand des Reifenkraftverlaufs für die Längs- und Querkraft sowie für die kombinierte Kraft bei einer Radlast. Die gewählte Modellierung ermöglicht einen unterschiedlichen Verlauf der Kennlinie im reinen Quer- bzw. Längsschlupfbereich, um so Unterschiede in der Reifencharakteristik darzustellen.

Zur Berechnung des aktuellen Kraftzustandes wird der aktuelle Schlupfzustand des Reifens $s_{x,y}$ mit dem Schlupf am Kraftmaximum $s_{M_{x,y}}$ normiert und in den kombinierten Schlupfbereich transformiert. Die normierte kombinierte Kraftbeschreibung erfolgt über:

$$F^n = \begin{cases} c_0^n\, s^n/(1 + s^n\,(c_0^n - 2 + s^n)) & \text{für} \quad 0 \le s^n \le 1 \\ 1 - (1 - F_S^n)\left(\frac{s^n - 1}{s_S^n - 1}\right)^2 (3 - 2\,\frac{s^n-1}{s_S^n-1}) & \text{für} \quad 1 < s^n < s_S^n \\ F_S^n & \text{für} \quad s^n \ge s_S^n \end{cases} \tag{4.73}$$

Aus dem normierten kombinierten Kraftzustand wird die Längs- und Querkraft $F_{x,y}$ berechnet und mit $F_{Mx,y}$ denormalisiert. Abbildung 4.5 zeigt exemplarisch einen Kraftverlauf für den kombinierten Schlupfbereich. Die eingetragenen Parameter c_0^n, F_S^n und s_S^n sind für den kombinierten Bereich und für eine spezifische Radlast berechnet.

Eine thermodynamische Erweiterung des Modells wird verwendet, um das Temperaturverhalten des Reifens zu bestimmen[128]. Über eine eindimensionale partielle Differential-

[125] Vgl. „least square problem" in Nocedal und Wright, *Numerical Optimization* (2006), S. 250-276.

[126] Rill, *Simulation von Kraftfahrzeugen* (2007).

[127] Völkl u. a., „A Modular Race Tire Model Concerning Thermal and Transient Behavior Using a Simple Contact Patch Description" (2012).

[128] Vgl. Favrier, Martin und Fandard, *Method for Simulating the Thermomechanical Behavior of a Tire Rolling on the Ground* (2010).

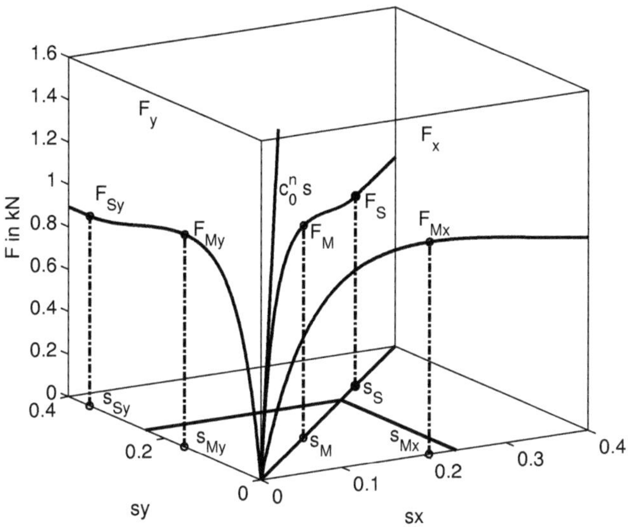

Abbildung 4.4: Verlauf der Reifenkraft in Quer- und Längsrichtung und für den kombinierten Kraftbereich.

gleichung wird der Temperaturzustand entlang der Dicke d des Reifens berechnet. Das thermische Gleichgewicht wird gemittelt für eine komplette Umdrehung berechnet. Diese Vereinfachung ist bei hohen Umdrehungsgeschwindigkeiten und niedrigen Anregungsfrequenzen gültig. Um die verschiedenen Temperaturen entlang der Breite des Reifens zu beschreiben, ist es möglich, mehrere Differentialgleichungen verteilt über die Breite zu verwenden. In dieser Untersuchung wird eine Differentialgleichung verwendet. Das thermische Verhalten hängt von der Wärmequellendichte durch visko-elastische Verformung $\dot{q}_f$, der gemittelten Dichte ρ, dem Wärmeleitkoeffizienten λ und der spezifischen Wärmekapazität c_p ab.

$$\frac{\delta T}{\delta t} = \frac{\lambda \frac{\delta^2 T}{\delta x^2} + \dot{q}_f}{\rho \, c_p} \tag{4.74}$$

Der thermische Austausch an der Außenseite wird beschrieben über:

$$\left.\frac{\delta T}{\delta x}\right|_{x=0} = \frac{-\phi}{\lambda} \tag{4.75}$$

An der Innenseite wird eine adiabate Grenzbedingung verwendet:

$$\left.\frac{\delta T}{\delta x}\right|_{x=d} = 0 \tag{4.76}$$

Der Wärmeaustausch wird über den Wärmeaustausch mit der Umgebungsluft, der Fahrbahn und dem Wärmeeintrag durch Reibarbeit bei Kurvenfahrt, beim Bremsen oder Beschleunigen beschrieben. Die mittlere Wärmestromdichte ϕ wird über

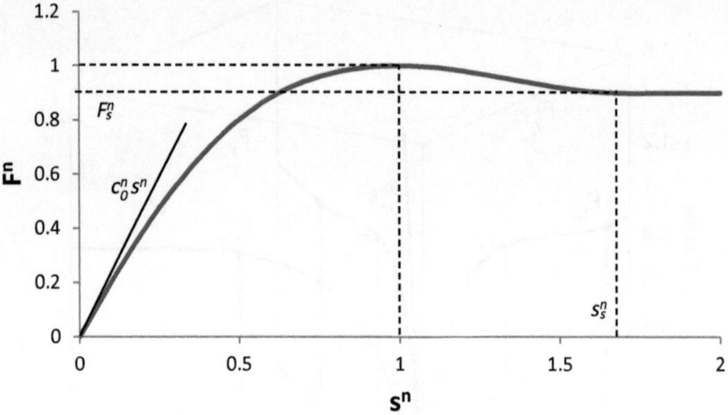

Abbildung 4.5: Kraftkennlinie für den normierten, kombinierten Kraftverlauf.

die Wärmestromdichte in der Kontaktfläche zwischen Reifen und Umgebungsluft ϕ_L, die Wärmestromdichte in der Kontaktfläche zwischen Fahrbahn und Reifen ϕ_{cp}, die Wärmestromdichte im Schlupfbereich der Kontaktfläche ϕ_{cpS} beschrieben. Als t wird die Zeit bezeichnet, die ein infinitesimales Reifenumfangselement benötigt, um während eines Reifenumlaufs den Bereich des jeweiligen Wärmeaustauschs zu durchlaufen.

$$\phi = \frac{\phi_{cpS}\, t_{cpS} + \phi_{cp}\, t_{cp} + \phi_L\, t_L}{t_{cp} + t_L} \tag{4.77}$$

Die Wärmestromdichte wird über Reifenoberflächentemperatur T_s, gemittelte Umgebungslufttemperatur T_L, gemittelte Temperatur der Fahrbahn T_{cp}, Wärmeübergangkoeffizienten zur Umgebungsluft h_L und zur Fahrbahn h_{cp} sowie Kontaktfläche mit der Fahrbahn S_{cp} bzw. der Umgebungsluft S_L beschrieben. c_L bezeichnet einen Korrekturfaktor für den Wärmeaustausch über Konvektion zur Umgebungsluft.

$$\phi_L = c_L \frac{h_L(T_s - T_L)}{S_L} \tag{4.78}$$

$$\phi_{cp} = \frac{h_{cp}(T_s - T_{cp})}{S_{cp}} \tag{4.79}$$

Die Wärmestromdichte durch Reifenschlupf ϕ_{cpS} wird über die Aufteilung des Wärmeeintrags zwischen Fahrbahn und Reifen ζ_{cpS}, die Schlupfgeschwindigkeit v_S, die Reifenkräfte $F_{x,y}$ und die Fläche des Schlupfanteils in der Reifenaufstandsfläche S_{cpS} berechnet.

$$\phi_{cpS} = \zeta_{cpS} \frac{v_S \sqrt{F_x^2 + F_y^2}}{S_{cpS}} \tag{4.80}$$

Die Schlupfgeschwindigkeit wird aus dem denormalisierten, kombinierten Radschlupf s berechnet.

$$v_S = \omega\, R_{roll}\, s \tag{4.81}$$

Die Aufteilung des Wärmeeintrags zwischen Fahrbahn und Reifen ζ_{cpS} wird über die Effusivität des Reifengummis der Kontaktfläche zur Fahrbahn e_{cp} und die Effusivität der Fahrbahn e_S beschrieben.

$$\zeta_{cpS} = \frac{e_{cp}}{e_{cp} + e_S} \tag{4.82}$$

Der berechnete thermische Reifenzustand wird verwendet, um das Reifenkraftpotential $F_{M_{x,y}}$ über den Faktor P_T und die Schräglaufsteifigkeit in Form der Schlupfmaxima $s_{M_{x,y}}$ über den Faktor c_T in Abhängigkeit von der Reifenoberflächentemperatur T_s und Reifeninnentemperatur T_i zu skalieren. Der jeweilige Parameter bei reinem Gleiten $F_{S_{x,y}}$ und $s_{S_{x,y}}$ wird analog zu den jeweiligen Maxima skaliert.

$$(F^T_{M_{x,y}} \; F^T_{S_{x,y}}) = P_T(F_{M_{x,y}} \; F_{S_{x,y}}) \qquad (s^T_{M_{x,y}} \; s^T_{S_{x,y}}) = \frac{(s_{M_{x,y}} \; s_{S_{x,y}})}{c_T} \tag{4.83}$$

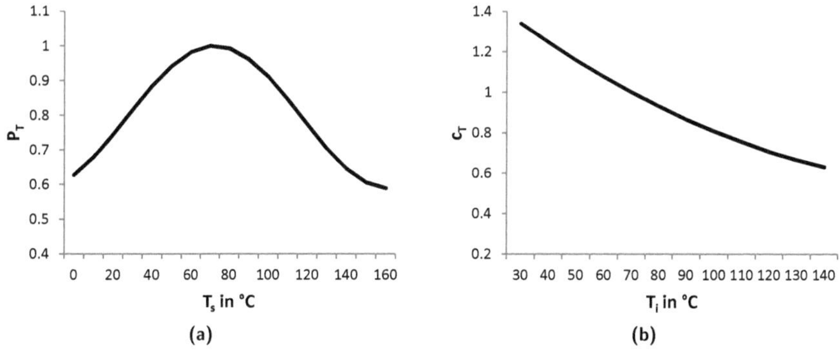

Abbildung 4.6: Veränderung des Skalierungsfaktors des Reifenkraftpotentials P_T (a) und der Schräglaufsteifigkeit c_T(b) über Reifenoberflächentemperatur T_s und Reifeninnentemperatur T_i.

Zur Beschreibung des transienten Kraftaufbaus wird das Reifenmodell um eine Beschreibung des Einlaufverhaltens erweitert. Nach Mühlmeier[129] beeinflusst die Einlauflänge des Reifens die Geschwindigkeit des Kraftaufbaus bei veränderlicher Radlast. Bei sprungartig steigender Radlast wird der Reifen erst verformt, bevor er die maximale Kraft überträgt. Bei sprungartig abfallender Radlast tritt der Verlust sofort auf, da der Reifen nicht verformt wird. Dadurch hat der Kraftverlust bei fallender Radlast eine geringere Zeitkonstante als der Kraftaufbau bei steigender Radlast. Dies führt im Mittel zu einem reduzierten Reifenkraftpotential. Das Verhalten wird über ein PT_1-Glied mit fallabhängiger Zeitkonstante umgesetzt. Aufgrund numerischer Stabilität ist das Modell über die minimale Zeitkonstante τ^{num}_{min} begrenzt.

$$F^{dyn}_{M_{x,y}} + \tau_{F_{M_{x,y}}} \dot{F}^{dyn}_{M_{x,y}} = F^{stat}_{M_{x,y}} \tag{4.84}$$

[129] Mühlmeier, *Bewertung von Radlastschwankungen im Hinblick auf das Fahrverhalten von Pkw* (1993).

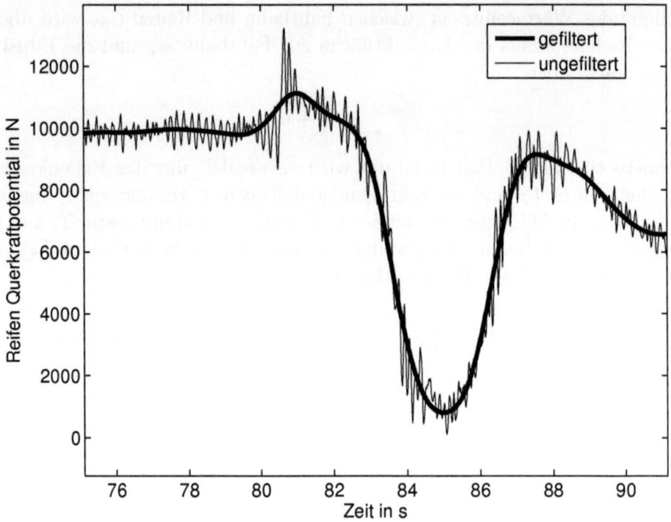

Abbildung 4.7: Gefiltertes und ungefiltertes maximales Querkraftpotential F_{M_y} am vorderen linken Rad.

$$\tau_{F_M} = \begin{cases} \max\left(\left|\frac{l^e_{F_{M_{x,y}}}}{\omega\, R_{roll}}\right|, \tau^{num}_{min}\right) & \text{für } \left(F^{dyn}_{M_{x,y}} \leq F^{stat}_{M_{x,y}}\right) \vee \left(\frac{\delta F^{dyn}_{M_{x,y}}}{\delta t} \geq 0\right) \\ \tau^{num}_{min} & \text{für } \left(F^{dyn}_{M_{x,y}} > F^{stat}_{M_{x,y}}\right) \wedge \left(\frac{\delta F^{dyn}_{M_{x,y}}}{\delta t} < 0\right) \end{cases} \tag{4.85}$$

Der Verlust an Reifenkraftpotential durch Radlastschwankung ergibt sich zum einen durch den statischen Anteil der Radlastdegression, zum anderen über den dynamischen Anteil durch das Einlaufverhalten des Reifens.

Bereits kleine Radlastschwankungen erhöhen die minimale Rundenzeit deutlich, da der Reifenpotentialverlust aufgrund der starken Einschränkung durch die Forderung nach exakter Einhaltung der Krümmungsvorgabe in der quasistatischen Berechnung direkt zu einer Reduktion der Geschwindigkeit führt. Deshalb wird ein Tiefpassfilter auf das Reifenpotential angewendet, der auf der Annahme basiert, dass ein Fahrer in der Lage ist, das mittlere Kraftpotential abzuschätzen und den hochfrequenten Verlust durch Radlastschwankung zu antizipieren.

Die Filterauslegung orientiert sich an dem Filter, der nötig ist, um aus dem hochfrequenten Signal der gemessenen Fahrzeugquerbeschleunigung eine niederfrequente Krümmungsvorgabe zu erzeugen, da die Motivation dieses Krümmungsfilters ebenfalls eine isolierte Betrachtung der niederfrequenten, fahrlinienbestimmenden Beschleunigungsanteile ist (vgl. Kapitel 4.2.1). Es wird ein akausaler 1 Hz Butterworth-Tiefpassfilter der 5. Ordnung verwendet. Abbildung 4.7 zeigt das gefilterte und ungefilterte Signal des Querkraftpotentials eines Reifens.

Da der Filter auf das Kraftpotential und nicht auf die Radlast angewandt wird, geht die Information über den mittleren Potentialverlust nicht verloren. Die Methode ist in der Lage, mit dem ungefilterten Signal zu arbeiten. In diesem Fall wird die Geschwindigkeit deutlich von einzelnen Unebenheiten dominiert.

Der an die quasistatische Berechnung übergebene Parameter F_m enthält die komplette mechanische Reifenkraftparametrierung für jeden Reifen, berechnet für den entsprechenden transienten, thermischen und radlastabhängigen Reifenzustand.

$$F_m = \begin{pmatrix} F_{M_{x,y}}^{dyn\,T} \\ F_{S_{x,y}}^{dyn\,T} \\ s_{M_{x,y}}^{T} \\ s_{S_{x,y}}^{T} \\ c_{0_{x,y}}^{n} \end{pmatrix} \tag{4.86}$$

4.2.3 Aerodynamik

Eingang des Aerodynamikmodells sind die Fahrhöhen z_{A_v} und z_{A_h} sowie die Fahrzeuggeschwindigkeit v, die zur Berechnung der aerodynamischen Koeffizienten c_{a_v}, c_{a_h} und c_w verwendet werden. Die Fahrhöhen bezeichnen den Abstand des Unterbodens zur Fahrbahn und werden innerhalb des transienten Modells aus der Aufbaubewegung bestimmt. Die Geschwindigkeit wird im quasistatischen Modell berechnet. Die aerodynamischen Koeffizienten sind in einem Kennfeld hinterlegt.

Der aerodynamische Abtrieb vorne und hinten $F_{a_v,h}$ sowie der Luftwiderstand F_L werden in Abhängigkeit von der Dichte ρ und der Fläche A nach Milliken und Milliken[130] beschrieben über:

$$F_{a_v} = \frac{1}{2}\, c_{a_v}(z_{A_v}, z_{A_h})\, \rho\, A\, v^2 \tag{4.87}$$

$$F_{a_h} = \frac{1}{2}\, c_{a_h}(z_{A_v}, z_{A_h})\, \rho\, A\, v^2 \tag{4.88}$$

$$F_L = \frac{1}{2}\, c_w(z_{A_v}, z_{A_h})\, \rho\, A\, v^2 \tag{4.89}$$

Die Abtriebsverteilung beschreibt das Verhältnis des Vorderachsabtriebs zum Gesamtabtrieb.

$$a_{bal} = \frac{F_{a_v}}{F_{a_v} + F_{a_h}} \tag{4.90}$$

Die Abtriebsverteilung des höhenstandsabhängigen Abtriebs wird bei einer festgelegten Fahrhöhe berechnet.

Abbildung 4.8 zeigt die erste, zweite und letzte Iteration für den Einfluss der höhenstandsabhängigen Aerodynamik. Die anderen iterativ gelösten Zustände werden nicht übergeben, es wird weiterhin die Startlösung verwendet. Besonders der Abstand zur ersten Iteration,

[130] Milliken und Milliken, *Race Car Vehicle Dynamics* (1995), S. 110-111.

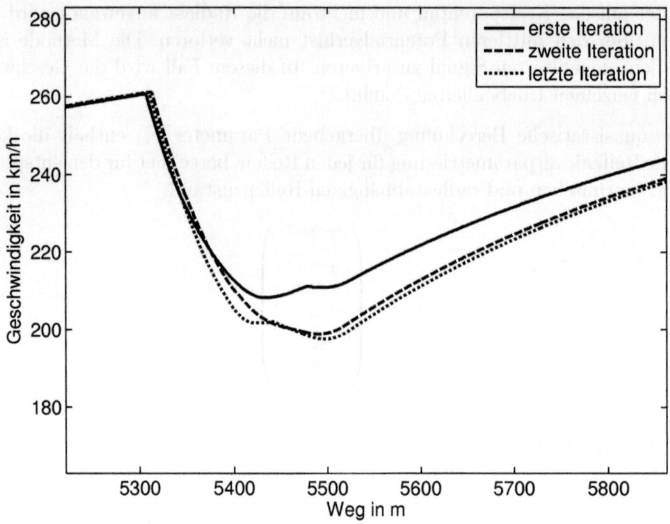

Abbildung 4.8: Iterative Berechnung des zeitminimalen Geschwindigkeitsprofils für eine isolierte Betrachtung des aerodynamischen Abtriebs. Die erste, zweite und letzte Iteration sind dargestellt.

die auf der Startlösung beruht und mit konstanter Aerodynamik berechnet ist, wird deutlich.

Das transiente Verhalten der Aerodynamik wird über ein PT_1-Glied mit der Zeitkonstante τ_a beschrieben. Das Modell entspricht keinem physikalischen Ansatz, sondern dient der Überprüfung der Möglichkeit für die Modellierung komplexer, transienter, aerodynamischer Effekte.

$$F_a^{dyn} + \tau_a \dot{F}_a^{dyn} = F_a^{stat} \tag{4.91}$$

Diese Modellbeschreibung führt zu einem verzögerten Ansprechen des aerodynamischen Abtriebs auf Höhenstandsänderungen.

Die Ausgänge des Modells werden sowohl in der Zustandsbestimmung als auch in der quasistatischen Berechnung weiter verwendet. Die Informationen über die zusätzliche Vertikallast werden über das Reifenpotential an die quasistatische Berechnung übergeben. Der Luftwiderstand fließt direkt in die quasistatische Berechnung ein.

4.2.4 Aufbau und Fahrwerk

Im Modell der Aufbaubewegung und des Fahrwerks werden aus den Kräften, die auf den Aufbau und den Reifenaufstandspunkt wirken, die Radlasten und die Fahrhöhen berechnet.

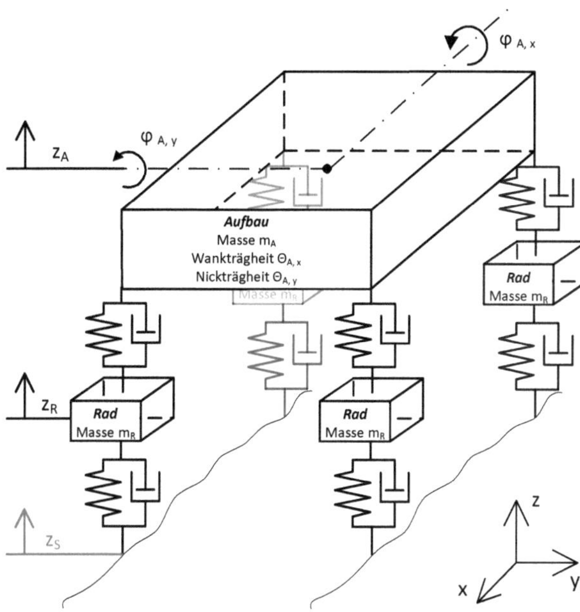

Abbildung 4.9: Modell der Vertikaldynamik. Dargestellt werden unter anderem die Aufbauweg z_A, der Aufbauwinkel φ_A, der Radweg z_R und die Straßenanregung z_S.

Die Eingänge des Systems sind die Fahrzeuggeschwindigkeit, die Längs- und Querbeschleunigung, die Reifenkräfte und die Schlupfzustände. Die Ausgänge des Modells werden zur weiteren Berechnung im Reifen- und Aerodynamikmodell verwendet.

In Abbildung 4.9 ist das Modell schematisch dargestellt. Der Aufbau wird als starrer Körper mit drei Freiheitsgraden, dem Rollwinkel $\varphi_{A,x}$, dem Nickwinkel $\varphi_{A,y}$ und der Aufbauvertikalbewegung z_A beschrieben. Sowohl die x- und y-Position als auch auch der Gierwinkel des Fahrzeugs sind durch die quasistatische Lösung festgelegt. Der Aufbau wird über die Masse m_A sowie die Trägheiten um die Nickachse $\theta_{A,y}$ und um die Rollachse $\theta_{A,x}$ parametriert. Bei hoher Fahrzeuggeschwindigkeit dreht sich der Aufbau um eine Roll- oder Nickachse durch den Schwerpunkt. Die Nick- und Rollachse, die zur Bestimmung der Trägheit verwendet werden, verlaufen daher parallel zur Fahrbahn und durch den Schwerpunkt.

Die statische Achslastverteilung, auch Gewichtsverteilung m_{bal} genannt, wird über das Verhältnis der Vorderachsmasse m_v zur Gesamtmasse m angegeben.

$$m_v = m_A\,(1 - \frac{l_v}{l}) + m_{R_{vl}} + m_{R_{vr}} \tag{4.92}$$

$$m = m_A + m_{R_{vl}} + m_{R_{vr}} + m_{R_{hl}} + m_{R_{hr}} \tag{4.93}$$

$$m_{bal} = \frac{m_v}{m} \tag{4.94}$$

Jedes Rad hat gegenüber dem Aufbau einen Freiheitsgrad, den Radweg z_R[131]. Der Aufbau ist über kinematische Starrkörperkopplung mit den Rädern verbunden. Die Momentanpole der Radaufhängung in Vorder- und Seitenansicht sind in einem aufbaufederwegabhängigen Kennfeld hinterlegt. Über die Momentanpole wird die kinematische Abstützung berechnet. Die Spurelastizität wird über Verstärkungsfaktoren abgebildet, die die elastokinematischen Eigenschaften repräsentieren.

$$\Delta\delta = c_{\delta_y}\, F_y + c_{\delta_x}\, F_x \tag{4.95}$$

Zur Beschreibung der transienten Aufbau- und Radbewegung werden Impuls- und Drallerhaltungssatz für den jeweiligen Freiheitsgrad verwendet[132]. Neben den aerodynamischen und kinematischen Kräften wirken die Kräfte der Feder- und Dämpferelemente auf den Aufbau- und die Radmassen. Alle Feder- und Dämpferkräfte werden über Hookesche Federelemente mit wegabhängiger Federsteifigkeit $c(\Delta z)$ und viskose Dämpfungselementen mit geschwindigkeitsabhängigem Dämpfungskoeffizienten $d(\Delta \dot{z})$ beschrieben. Der Deltaweg Δz bzw. die Deltageschwindigkeit $\Delta \dot{z}$ beschreibt den jeweiligen Einfederweg bzw. die Geschwindigkeit, die auch zur Berechnung der entsprechenden Kraft verwendet wird. Die Bezeichnung i steht dabei als allgemeiner Platzhalter für die Bezeichnung vl, vr, hl und hr.

$$F_{c_{A,i}} = c_{A,i}(z_{R,i} - z_{A,i}) \tag{4.96}$$

$$F_{d_{A,i}} = d_{A,i}(\dot{z}_{R,i} - \dot{z}_{A,i}) \tag{4.97}$$

Die Vertikalkraft zwischen Reifen und Fahrbahn wird ebenfalls über ein Kelvin-Voigt-Element beschrieben.

$$F_{c_{R,i}} = c_{R,i}(z_{S,i} - z_{R,i}) \tag{4.98}$$

$$F_{d_{R,i}} = d_{R,i}(\dot{z}_{S,i} - \dot{z}_{R,i}) \tag{4.99}$$

Zusätzlich zu den in Abbildung 4.9 dargestellten Eckfedern und Eckdämpfern sowie Radfedern und Raddämpfern werden Gegentakt- und Gleichtaktelemente an Vorder- und Hinterachse modelliert. Der Weg eines Gegentaktelements wird in Abhängigkeit von beiden Reifenwegen sowie der Rollbewegung des Aufbaus beschrieben als:

$$\Delta z_{roll,v} = 0{,}5(z_{R_{vl}} - z_{R_{vr}}) - \varphi_{A_x}\, w_v \tag{4.100}$$

$$\Delta z_{roll,h} = 0{,}5(z_{R_{hl}} - z_{R_{hr}}) - \varphi_{A_x}\, w_h \tag{4.101}$$

Die Wegbeschreibung eines Gleichtaktelements erfolgt über:

$$\Delta z_{mid,v} = 0{,}5(z_{R_{vl}} + z_{R_{vr}}) - z_{A,v} \tag{4.102}$$

$$\Delta z_{mid,h} = 0{,}5(z_{R_{hl}} + z_{R_{hr}}) - z_{A,h} \tag{4.103}$$

Der Stabilisator ist als Gegentaktfeder modelliert, die gegen die Rollbewegung wirkt. Die Bezeichnung j steht als Platzhalter für die Bezeichnung v und h.

$$F_{c_{roll,j}} = c_{roll,j}\, \Delta z_{roll,j} \tag{4.104}$$

Äquivalent zum Stabilisator ist ein Rolldämpfer modelliert.

$$F_{d_{roll,j}} = d_{roll,j}\, \Delta \dot{z}_{roll,j} \tag{4.105}$$

[131] Der Lenkwinkel δ_v ist eine Stellgröße.

[132] Vgl. Mitschke, *Dynamik der Kraftfahrzeuge* (2004), S. 439-444.

Das dritte Element besteht aus einer Feder und einem Dämpferelement, die als Gleichtaktelemente durch die Verbindung mit beiden Rädern, bei beidseitigem Einfedern angesprochen werden. Bei reiner Rollbewegung ist das Element nicht aktiv.

$$F_{c_{mid,j}} = c_{mid,j}\,\Delta z_{mid,j} \tag{4.106}$$

$$F_{d_{mid,j}} = d_{mid,j}\,\Delta \dot{z}_{mid,j} \tag{4.107}$$

Als anschaulichen Kennwert für die Dämpfung wird das Dämpfungsmaß D_A linearisiert für jedes Viertelfahrwerk berechnet. Dafür wird das kombinierte Federsteifigkeitsäquivalent $\underline{c_A}$ für einseitiges Einfedern eines Rades gebildet.

$$\underline{c_A} = c_A + \frac{1}{4}\,c_{roll} + \frac{1}{4}\,c_{mid} \tag{4.108}$$

$$D_A = \frac{d_A}{2\sqrt{\underline{c_A}\,m_A}} \tag{4.109}$$

Die Rollsteifigkeitsverteilung c_{bal} ist das Verhältnis der Vorderachsrollsteifigkeit zur Gesamtrollsteifigkeit.

$$c_{bal} = \frac{c_{A_{vl}} + c_{A_{vr}} + c_{roll_v}}{c_{A_{vl}} + c_{A_{vr}} + c_{A_{hl}} + c_{A_{hr}} + c_{roll_v} + c_{roll_h}} \tag{4.110}$$

Die Rollsteifigkeitsverteilung ist ein Maß für die Aufteilung der Abstützung des Rollmoments, bezogen auf die Vorderachse. Als Rollmoment wird das Moment bezeichnet, das aus der am Schwerpunkt angreifenden Querkraft und der Schwerpunktshöhe resultiert. Die absolute Verteilung der Rollmomentabstützung zwischen Vorder- und Hinterachse hängt neben der Rollsteifigkeitsverteilung von der kinematischen Abstützung und der Reifensteifigkeit ab. Durch eine Verschiebung der Rollmomentabstützung wird aufgrund der Degression des Reifenkraftpotentials bei steigender Radlast das Verhältnis des Querkraftpotentials der Vorder- und Hinterachse verschoben.

Die Schwankung der Radlast wird als Maß für die Fahrsicherheit, also das vorhandene Reifenkraftpotential, verwendet[133]. Da eine Radlastschwankung bei höherer Radlast eine geringere Auswirkung auf das Fahrverhalten hat als bei geringer Radlast, wird die Standardabweichung der Radlast σ_{F_z} auf die statische Radlast bezogen.

$$\Delta F_{z_{rel}} = \frac{\sigma_{F_z}}{F_{z_{stat}}} \tag{4.111}$$

$$\sigma_{F_z}^2 = \frac{1}{t}\int_0^t F_{z_{dyn}}^2(t)\,\mathrm{d}t \tag{4.112}$$

Um den Kennwert als Maß für die Radlastschwankung durch Bodenunebenheiten zu verwenden und nicht durch den aerodynamischen Abtrieb und die Radlastverschiebungen zu verfälschen, wird die Standardabweichung der über einen 1 Hz Hochpass-Butterworthfilter gefilterten Radlast $\underline{F_z}$ ins Verhältnis zur statischen und aerodynamischen Radlast gesetzt.

$$\Delta F_{z_{rel}} = \frac{\sigma_{\underline{F_z}}}{F_{z_{stat}} + F_a} \tag{4.113}$$

[133] Mitschke, *Dynamik der Kraftfahrzeuge* (2004), S. 303-307.

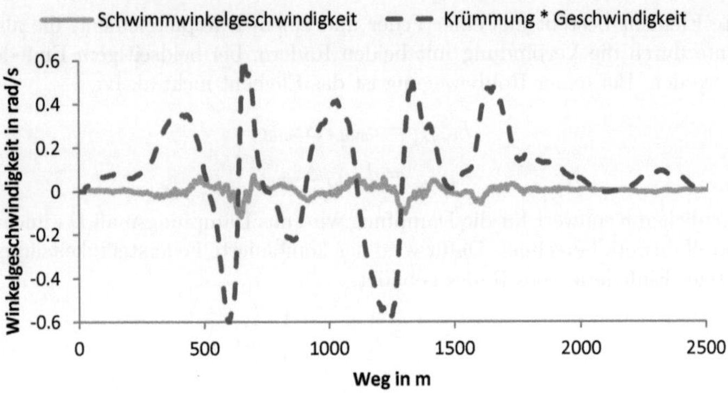

Abbildung 4.10: Verlauf der aus Messdaten erzeugten Schwimmwinkelgeschwindigkeit $\dot{\beta}$ und vereinfachten Giergeschwindigkeit $\underline{\dot{\psi}} = v\,\kappa$ für eine Kurvenkombination der Rennstrecke Le Mans.

4.2.5 Gierdynamik

Der Schräglaufwinkel an der Hinterachse wird im Einspurmodell ohne Hinterachslenkung – wie schon in Gleichung (4.19) beschrieben – über Fahrzeugschwimmwinkel und Giergeschwindigkeit berechnet.

$$\alpha_h = -\beta + l_h \frac{\dot{\psi}}{v} \tag{4.114}$$

Änderungen im Schwimmwinkel erfordern ein Giermoment, da durch das Giermoment eine Giergeschwindigkeitsänderung erzeugt wird, die wiederum in einer Schwimmwinkeländerung resultiert. Ein Schwimmwinkel wird erzeugt, wenn die Fahrzeuggiergeschwindigkeit $\dot{\psi}$ von der aus der Querbeschleunigung resultierenden Giergeschwindigkeit a_y/v abweicht[134]. Die Querbeschleunigung wird durch die Sollkrümmung $a_y = v^2\,\kappa$ vorgegeben.

$$\dot{\psi} = \int \ddot{\psi}\,dt \tag{4.115}$$

$$\dot{\beta} = v\,\kappa - \dot{\psi} \tag{4.116}$$

Für hohe Schwimmwinkelgeschwindigkeiten wird eine lineare Einspur bei Giereigenfrequenzen kleiner null instabil in Gierrichtung[135]. Diese Betrachtung ist auf nichtlineare Zweispurmodelle erweiterbar[136].

Um Instabilitäten zu vermeiden, ist es nötig, die Stellgrößengeschwindigkeit zu begrenzen. Eine Beschränkung der Stellgrößengeschwindigkeit wird im Entwurf ausgeschlossen,

[134] Vgl. Mitschke, *Dynamik der Kraftfahrzeuge* (2004), S. 552.

[135] Vgl. Definition der Giereigenfrequenz und Diskussion der linearen Einspur bei Mitschke, *Dynamik der Kraftfahrzeuge* (2004), S. 586-590.

[136] Vgl. Vietinghoff, *Nichtlineare Regelung von Kraftfahrzeugen in querdynamisch kritischen Fahrsituationen* (2008), S. 79-86.

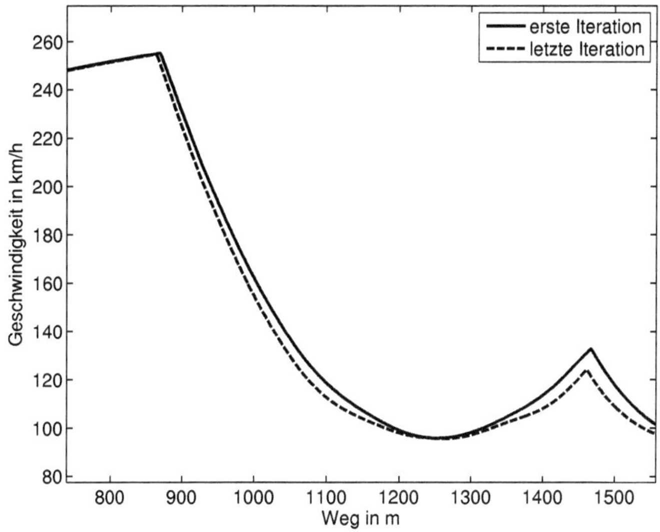

Abbildung 4.11: Iterative Berechnung des zeitminimalen Geschwindigkeitsprofils für eine isolierte Betrachtung der reduzierten Gierdynamik. Die erste und letzte Iteration sind dargestellt.

da durch diese Begrenzung eine von der quasistatischen Methode abweichende Stellgrößenstrategie benötigt wird, wodurch die auf dem quasistatischen Ansatz beruhende Robustheit des Entwurfs reduziert wird. Deshalb wird für die Sollgiermomentberechnung $\dot{\beta} = 0$ angenommen. Mit dieser Vereinfachung wird die Giergeschwindigkeit über die Geschwindigkeit und die Krümmung berechnet.

$$\underline{\dot{\psi}} = v\,\kappa \tag{4.117}$$

Die Abbildung 4.10 verdeutlicht das Verhältniss zwischen der Schwimmwinkelgeschwindigkeit und der vereinfachten Giergeschwindigkeit. Die Maximalwerte der Schwimmwinkelgeschwindigkeit erreichen 15 % der Maximalwerte der vereinfachten Giergeschwindigkeit. Der Mittelwert der Absolutwert der Schwimmwinkelgeschwindigkeit liegt bei 11 % des Mittelwertes der Absolutwerte der Giergeschwindigkeit.

Die Gierbeschleunigung und damit das Sollgiermoment werden aus der Krümmung und der Fahrzeuggeschwindigkeit abgeleitet.

$$\underline{\ddot{\psi}} = \dot{v}\,\kappa + v\,\dot{\kappa} = \dot{v}\,\kappa + v^2\,\frac{\partial \kappa}{\partial s} \tag{4.118}$$

Durch diese Beschreibung wird die Gierdynamik auf die Momentenanforderung durch die Krümmung des Sollpfades reduziert. Es wird kein zusätzliches Giermoment für Schräglaufwinkeländerung an der Hinterachse gestellt, wie es bei einem Fahrzeug mit Hinterachslenkung der Fall ist. Damit wird der Schwimmwinkel unabhängig von dem dafür nötigen Giermoment gestellt und es ist keine Begrenzung der Stellgrößengeschwindigkeit nötig.

Zur Berechnung des Sollmoments wird die Fahrzeuggeschwindigkeit als Eingangsgröße verwendet. Das Sollmoment wird direkt an die quasistatische Berechnung übergeben.

Abbildung 4.11 zeigt die erste und letzte Iteration der Giermomentüberlagerung, wobei das Gierträgheitsmoment zur Veranschaulichung verzehnfacht ist. Die anderen iterativ gelösten Zustände werden nicht übergeben. Die erste Iteration wird ohne Giermomentenanforderung berechnet. Bereits die zweite Iteration liegt nahe der endgültigen Lösung und ist daher nicht mit angegeben.

4.2.6 Längsdynamik

Das Längsdynamikmodell beschreibt das transiente Motor- und Bremsverhalten. Beide Bereiche beeinflussen die maximal verfügbare Kraft im jeweiligen Zeitschritt.

Der Aufbau des Antriebsstrangs ist schematisch in Abbildung 4.12 dargestellt. Dabei wird das Motormoment über das Getriebe und Differentialgetriebe an die Hinterräder übertragen. Die Drehmassen des Motors und des Antriebsstrangs werden zu einer gangabhängigen Antriebstrangträgheit zusammengefasst. Die Trägheiten des Antriebsstrangs und der Räder wirken sich auf die maximal verfügbare Leistung aus.

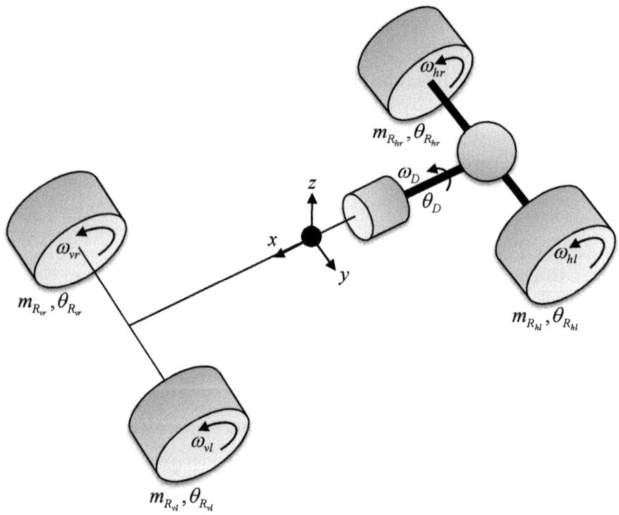

Abbildung 4.12: Modell des Antriebsstrangs. Dargestellt werden unter anderem Winkelgeschwindigkeiten ω und Trägheiten θ von Antriebstrang und Rädern.

Die maximale Motorleistung ist über ein drehzahlabhängiges Kennfeld hinterlegt[137]. Als Kennungswandler wird ein Stufengetriebe modelliert, dessen Gangstufen über ein Proportionalglied dargestellt werden. Über den Wert des Proportionalglied werden die Übersetzungen abgebildet[138]. Eine Schaltlogik wählt in Abhängigkeit von der Motordrehzahl den benötigten Gang.

Das Differentialgetriebe ist als drehmomentenfühlendes Sperrdifferential mit Festwertsperre modelliert. Der Sperrgrad wird über die anliegenden Momente berechnet. Die Zustände der Sperre und des Sperrgrads werden an die quasistatische Berechnung übergeben. Durch die verwendete Modellierung ist die quasistatische Berechnung unabhängig von der verwendeten Differentialsperrenbeschreibung.

Um das verzögerte Ansprechverhalten des Motors bei sprungartiger Momentenanforderung zu beschreiben, wird ein PT_1-Glied verwendet. Dieses Modell ist eine vereinfachte Beschreibung eines transienten Motoransprechverhaltens, wie es z. B. bei einem Motor mit einem Abgasturbolader auftritt.

$$F_{x_h}^{dyn} + \tau_P \, \dot{F}_{x_h}^{dyn} = F_{x_h}^{stat} \tag{4.119}$$

Nach dem rein formellen Vorgehen der Berechnungsmethode wird die transiente Größe $\tau_P \, \dot{F}_{x_h}^{dyn}$ als extra Zustand an die quasistatische Lösung übergeben. Da die statische maximale Leistung am Rad P_{max}^{stat} direkt bekannt ist und nicht erst errechnet wird, wird der dynamische Anteil bereits abgezogen. Dadurch wird es möglich, dass nur ein Zustand, die maximale Antriebsleistung am Rad P_{max}^{dyn}, übergeben wird.

$$P_{max}^{stat} - \tau_P \, \dot{F}_{x_h}^{dyn} \, v_{x_h} = P_{max}^{dyn} \tag{4.120}$$

Abbildung 4.13 (b) zeigt die Iteration der Motorleistung, wobei die erste, initiale Lösung mit einer konstanten Motorleistung berechnet wird. Die zweite Iteration liegt bereits nahe an der finalen Lösung.

Die maximale Bremskraft wird durch eine statische Bremskraft $F_{b_{max}}$ eingeschränkt, die als Kennwert beschrieben ist. Die maximale Bremskraft beschränkt die zur Verfügung stehende Reifenlängskraft F_x.

$$F_{x_{ist}} = \min(F_x, F_{b_{max}}) \tag{4.121}$$

Das Einlaufverhalten der Bremse wird ebenfalls über ein PT_1-Glied modelliert. Das PT_1-Verhalten stellt eine vereinfachte Beschreibung des Bremskrafteinlaufs bei sprungartiger Bremsbetätigung dar. Die Verzögerung im realen Fahrzeug resultiert aus den Elastizitäten und Temperatureffekten sowie der maximal möglichen Kraftänderung des Fahrers. Abbildung 4.13 (a) zeigt die Iteration für den Bremseinlauf bei einer Zeitkonstante von $\tau_b = 2\,s$. Aufgrund der sprungartigen Betätigung der Bremse am Beginn der Bremsphase ist der Effekt deutlicher ausgeprägt als das zeitliche Einlaufverhalten bei der Beschleunigung. Die transiente maximale Bremskraft wird analog zur Längskraft gemäß den Gleichungen (4.119) und (4.120) berechnet und an die quasistatische Manöverberechnung übergeben.

[137] Mitschke, *Dynamik der Kraftfahrzeuge* (2004), S. 84-91.
[138] Mitschke, *Dynamik der Kraftfahrzeuge* (2004), S. 91-101.

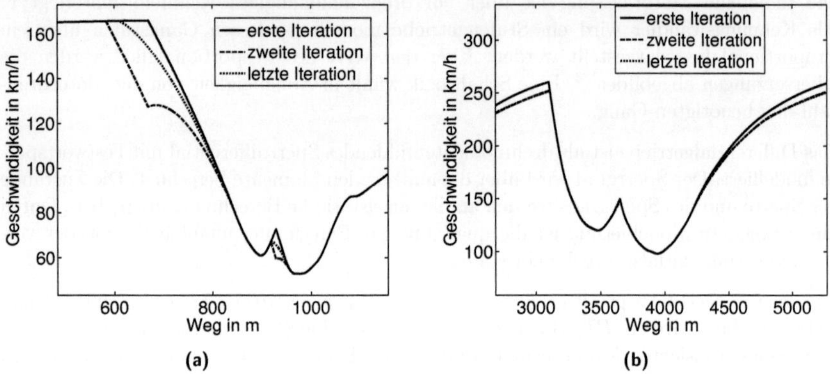

Abbildung 4.13: Iterative Berechnung des zeitminimalen Geschwindigkeitsprofils für eine isolierte Betrachtung des Bremseinlaufverhaltens (a) und des Längseinlaufverhaltens (b). Die erste, zweite und letzte Iteration sind dargestellt.

4.3 Fazit

Zur transienten Zustandsbeschreibung werden bekannte, in der Literatur beschriebene Modelle verwendet. Teilweise repräsentiert die Modellierung zur Veranschaulichung eines Effekts keinen direkten physikalischen Zusammenhang. Dies ist der Fall für die Beschreibung des längsdynamischen Einlaufverhaltens sowie des aerodynamischen Einlaufverhaltens. Durch diese Modellierung wird die grundsätzliche Untersuchung eines Zusammenhangs ermöglicht. Diese Modelle werden ausschließlich zur Überprüfung der Effekte verwendet, während die restlichen Modelle entsprechend dem Anwendungsfall parametriert werden.

Das Einspurmodell hat gegenüber der Zweispurmodellierung in der qs-Berechnung numerische Vorteile, da die Sollkraft direkt auf die Achse reduziert wird, wodurch sich die Anzahl an Nebenbedingungen der numerischen Optimierung reduziert. Die Übertragung des Ansatzes zur getrennten Beschreibung der beiden Achsen aus dem Einspurmodell auf das Zweispurmodell resultiert aufgrund des hohen Einflusses der Längskräfte auf die Momentensumme in nicht konvergentem Verhalten.

Durch die Verwendung eines invertierbaren Reifenmodells im Einspurmodell ist es möglich, auf die numerische Optimierung der quasistatischen Lösung zu verzichten, wodurch numerische Effizienz und Robustheit steigen. Ein invertierbares Reifenmodell ist in der Lage, für den Bereich unterhalb des Kraftmaximums, das in der Einspurbeschreibung nicht überschritten wird, aus einer vorgegebenen Kraft den Schlupfzustand des Reifens zu berechnen. Zusätzlich erlaubt ein invertierbares Reifenmodell die direkte Berechnung der maximal übertragbaren Kräfte.

Für das Zweispurmodell bietet das invertierbare Reifenmodell keine so deutlichen Vorteile wie für das Einspurmodell, da das maximale Kraftpotential einer Achse durch zwei Reifen beschrieben wird. Um denselben numerischen Vorteil zu erzeugen, ist ein invertierbares Modell nötig, mit dem das maximale Kraftpotential der jeweiligen Achse beschrieben werden kann.

Der Vorteil des Einspurmodells gegenüber dem Zweispurmodell besteht in der deutlichen Vereinfachung zur Berechnung des Giermomentengleichgewichts sowie der kinematischen Koppelung der beiden Reifen einer Achse. Durch die kinematische Kopplung des Zweispurmodells sind die beiden Reifen einer Achse nicht unabhängig voneinander stellbar. Daher werden sie teilweise unterhalb oder oberhalb ihres Kraftmaximums bewegt, um einen optimalen Fahrzeugzustand zu erzeugen.

Die quasistatische Manöverberechnung ist unabhängig von der Systembeschreibung, die zur Berechnung der Zustände $\mathcal{Z}$ verwendet wird. Es ist möglich, ein deutlich komplexeres Modell, als das hier beschriebene, zur Berechnung der Zustände zu verwenden, solange die Informationen auf die Übergabegrößen $\mathcal{Z}$ reduziert werden.

Damit ist es möglich, das maximale Fahrzeugpotential einer kompletten Zweispurmodellierung in der Zustandsbestimmung zu berechnen und an die Manöverberechnung zu übergeben. Dies hat den Vorteil, dass zur quasistatischen Rundenzeitberechnung ein Modell analog zu Massepunktbeschreibung verwendbar ist, wodurch der numerische Aufwand im Vergleich zum quasistatischen Zweispurmodell reduziert wird. Aufgrund der kinematischen Zwangsbedingungen der Zweispurbeschreibung, die zu einem deutlich komplexeren Übergabezustand $\mathcal{Z}$ führt, wird dieser Ansatz hier nicht weiterverfolgt.

5 Validierung der Berechnungsmethode

Zur Überprüfung der Methode werden die in Kapitel 1.2 definierten Bewertungskriterien verwendet. Als Basis für eine genaue Modellbeschreibung wird dabei die Toleranz der Methode über Bewertung von Präzision, Robustheit und Konvergenz untersucht. Zur Bewertung der Modellgenauigkeit werden verschiedene Systemzustände der Berechnung mit Messdaten abgeglichen. Auf Grundlage dieses Abgleichs wird die Vorhersage der Rundenzeit auf verschiedenen Strecken überprüft. Vorhersage meint hier weniger den zeitlichen Zusammenhang, sondern die Tatsache, dass die Ergebnisse nicht über nachträgliche Adaption verbessert, sondern mit der gewählten Parametrierung das Verhalten vorhergesagt werden. Anschließend wird die Aussagegenauigkeit der Berechnungsmethode geprüft, indem der rechnerisch optimierte Fahrzeugparametersatz mit dem tatsächlich gefahrenen Fahrzeugparametersatz abgeglichen wird.

Bei der Überprüfung der Extrapolationsfähigkeit der Rundenzeitvorhersage auf verschiedene Strecken sowie bei dem Abgleich der rundenzeitoptimalen Fahrzeugparameter handelt es sich um einen gezielten und anhand eines konkreten Anwendungsbeispiels durchgeführten Falsifizierungsversuch. Ziel der Validierung über den gezielten Falsifizierungsversuch ist es, eventuelle konzeptionelle Probleme der Methode aufzudecken.

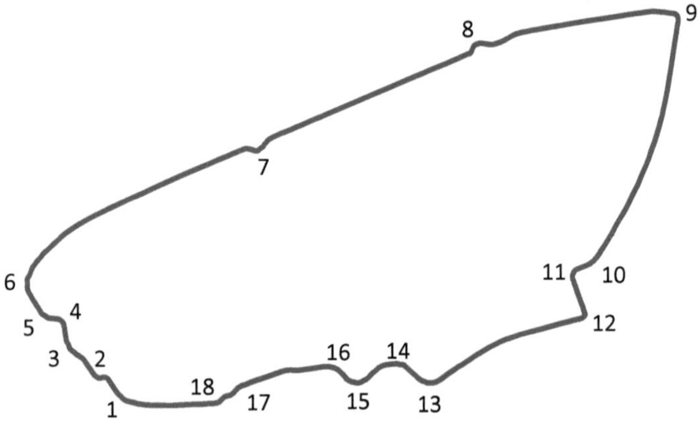

Abbildung 5.1: Rennstrecke Circuit de la Sarthe, auf der die 24 Stunden von Le Mans ausgetragen werden. Die verschiedenen Kurven sind nummeriert.

Die Validierung der Präzision, Robustheit und Modellgenauigkeit erfolgt auf der Rennstrecke Le Mans, da die Rennstrecke verschiedene Kurvenvarianten enthält und zeitvariante

Parameter aufgrund der Länge der Strecke einen deutlicheren Einfluss haben. Abbildung 5.1 zeigt die Rennstrecke von Le Mans 2012 mit nummerierten Kurven zur besseren Referenzierbarkeit. Die zur Überprüfung der Vorhersage verwendeten, weiteren Strecken werden in Kapitel 5.3.2 vorgestellt.

Das Anwendungsbeispiel stammt aus der Langstreckenweltmeisterschaft (WEC), an der die Fahrzeuge der AUDI AG im Jahr 2012 teilgenommen haben. Die Fahrzeugklasse der an der WEC teilnehmenden Fahrzeuge wird als Le Mans Prototyp (LMP) bezeichnet. Der Renneinsatz des Fahrzeuges und das eventuell vorab auf der Strecke durchgeführte Testprogramm werden nachfolgend als Streckentest bezeichnet.

5.1 Rundenzeitvarianz im Streckentest

Zur Überprüfung der Bewertbarkeit der Rundenzeit im Streckentest wird über die Varianz der Rundenzeiten die Toleranz des Streckentests ermittelt und als Referenz verwendet, wie in Kapitel 1.2 beschrieben. Dazu wird die Standardabweichung bei über 500 gefahrenen Runden einer Dauerlauferprobung auf der Rennstrecke Paul Ricard[139] berechnet. Der Dauerlauf ist geeignet, da viele Runden gefahren werden, während sich keine weiteren Fahrzeuge auf der Strecke befinden und die Fahrzeugparameterkonfiguration unverändert bleibt. Für alle unter vergleichbaren Umgebungsbedingungen gefahrenen Runden ergibt sich eine Standardabweichung von 1,2 s. Für die schnellsten 10% der gefahrenen Runden ergibt sich eine Standardabweichung von 0,36 s bzw. eine durchschnittliche Abweichung vom Mittelwert von 0,26 s. Die durchschnittliche Rundenzeit liegt in Paul Ricard knapp über 100 s.

Wie in Kapitel 1.2 beschrieben, wird bei einer Parameterstudie mit einem Rundenzeiteinfluss größer als der Wert der Standardabweichung innerhalb weniger Runden über Mittelwertbildung ein Effekt sichtbar. Daher wird die ermittelte Toleranz zur Kategorisierung der Rundenzeitsensitivitäten verwendet. Ab einem Rundenzeiteinfluss von über 0,36 s ist die Sensitivität im Fahrversuch deutlich nachvollziehbar und wird daher als hohe Sensitivität bezeichnet.

Bei der Untersuchung der Rundenzeitsensitivitäten ab 0,1 s ist der größte Mehrwert durch eine validierte Rundenzeitberechnung zu erwarten, da diese Änderungen im Streckentest schwerer bewertbar sind, aber bei kombiniertem Auftreten oder leicht erhöhter Parameteränderung einen deutlichen Einfluss auf die Rundenzeit haben. Rundenzeitveränderungen im Bereich zwischen 0,1 s und 0,36 s werden als mittelhohe Sensitivität bezeichnet.

Rundenzeitsensitivitäten im Bereich 0,01 s bis 0,1 s sind ebenfalls noch interessant, da hier bei größeren Parameteränderungen oder Kombination vieler einzelner Effekte Einflüsse im Zehntelbereich entstehen, die wiederum Relevanz in der Praxis haben. Diese Einflüsse werden als geringe Sensitivität bezeichnet.

[139] Die Strecke ist bei Metz und Williams, „Near Time-optimal Control of Racing Vehicles“ (1989) beschrieben.

Änderungen unterhalb 0,01 s sind vernachlässigbar. Auch bei großen Parametervariationen sind diese Effekte nicht nachprüfbar und damit validierbar. Das bedeutet, bis zu diesem Wert steigt mit erhöhter Präzision der Wert der Berechnungsmethode, da die höhere Präzision eine bessere Aussagegenauigkeit ermöglicht.

Ziel dieser einfachen Betrachtung der Rundenzeitvarianz ist die Möglichkeit einer Kategorisierung der Rundenzeiteinflüsse. Durch verbesserte Test- und Auswertungsmethodiken besteht die Möglichkeit, diesen Wert weiter zu reduzieren. Dies wird in der vorliegenden Arbeit nicht betrachtet.

5.2 Präzision, Robustheit und Konvergenz

Die Toleranz der Methode wird nach Kapitel 1.2 über Untersuchung der Präzision, Robustheit und Konvergenz der Methode bewertet. Die Präzision bezeichnen die innere Genauigkeit der Methode. Robustheit meint eine erfolgreiche Berechnung der Lösung auch bei ungünstigen Randbedingungen und Modellparametern. Die Randbedingungen der Methode bezeichnet Größen, die nicht direkt zur Modellbeschreibung verwendet werden wie die Startlösung, Rechenschrittweite oder Abbruchkriterien des Optimierungsalgorithmus. Das Konvergenzverhalten bezieht sich auf die Annäherung der Iterationen der Methode an den finalen Endwert.

Abbildung 5.2 zeigt den Verlauf der Rundenzeit und des Fehlerwertes während den Iterationen der Berechnung. In diesem Fall unterschreitet der Fehler den Grenzwert nach 9 Iterationen. Die Berechnung wird damit als konvergent bezeichnet. Die Rechenzeit für eine Lösung auf einer Intel Centrino 2,5 GHz Core 2 Workstation beträgt 12 Minuten.

Zur Bewertung der Robustheit der Berechnungsmethode wird die Startlösung variiert. Die Startlösung hat im Idealfall keinen Einfluss auf die finale Lösung und eignet sich daher besonders gut zur Bewertung der Robustheit. Die Variation erfolgt, indem die Fahrzeugparameter, die zur Berechnung der Startlösungsberechnung nötig sind, mit zufällig gewählten Faktoren skaliert werden. Bei zwanzig Durchläufen mit zufällig gewählten Fahrzeugparametern für die Startlösung ergeben sich Rundenzeitenvariation der Startlösung zwischen 160 s und 220 s. Die Standardabweichung der finalen Rundenzeit beträgt dabei 1,61 ms auf einer 198 s langen Runde für ein LMP-Fahrzeug auf der Rennstrecke Le Mans. Mit der Standardabweichung im Bereich von einigen Millisekunden ist es möglich, sehr kleine Rundenzeitensensitivitäten von 0,01 s zu untersuchen.

Diese geringe Toleranz wird durch die Untersuchung der Präzision über die Bewertung von Parameteränderungen mit sehr kleinem Rundenzeiteinfluss bestätigt. In Abbildung 5.3 ist eine Massenvariation mit Schrittweiten von 0,1 kg dargestellt, die einen geringen Einfluss auf die Rundenzeit hat. Die Rundenzeitsensitivität von 52 ms/kg liegt nahe der in der Untersuchung der Robustheit ermittelten Toleranz. In der Abbildung 5.3 wird ebenfalls die Abweichung zu einer Ersatzbeschreibung dargestellt. Die Ersatzbeschreibung wird über Stützstellen interpoliert, die aus einer Rundenzeitberechnung mit einer um das Zehnfache höheren Deltamasse von 1 kg gebildet werden. Durch den größeren Rundenzeiteinfluss wird der Fehler durch die Toleranz der Berechnung relativ zur gesamten Rundenzeitveränderung

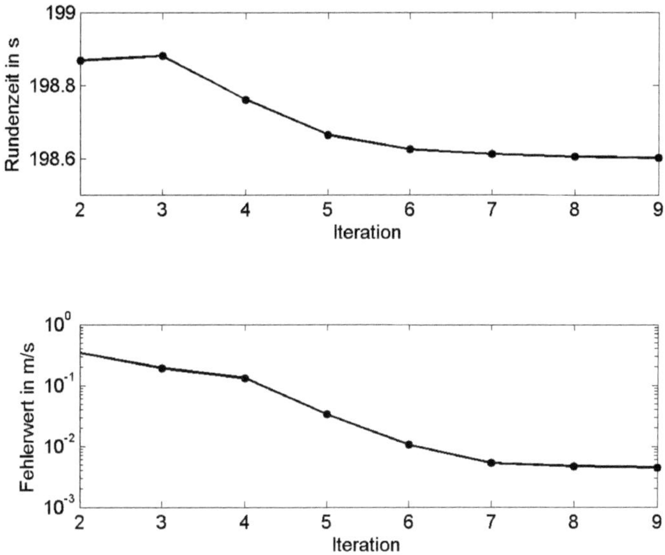

Abbildung 5.2: Verlauf der Rundenzeit und des Fehlerwerts über die Iterationsschritte.

reduziert. Die Differenz zwischen der Rundenzeit der einzelnen Schritte der Ersatzbeschreibung liegt bei gemittelt 51 ms/kg. Die Standardabweichung der berechneten Rundenzeiten der Massenvariation zu den Werten der Ersatzbeschreibung beträgt 0,25 ms.

Wie in Kapitel 3 beschrieben, kommt es bei ungünstigen Bedingungen zu einem alternierenden Verhalten der Berechnungsmethode. Die Methode wechselt für einen oder mehrere Zeitschritte zwischen zwei Zuständen ohne abzuklingen und zu einem Ergebnis zu gelangen. Ursache ist, neben der gewählten Modellierung, ein zu hoher hochfrequenter Anteil in der Krümmungsvorgabe oder zu hohe Rechenschrittweite. Durch die gewählte Modellierung werden die überlagerten Zustände auf ein Mindestmaß reduziert, das nötig ist, um das Fahrzeugverhalten korrekt zu beschreiben. Die gewählte Modellierung reduziert zusammen mit der geeigneten Wahl von Krümmungsfilterung und Rechenschrittweite das Auftreten des beschriebenen nichtkonvergenten Verhaltens.

Um das alternierende Verhalten abzufangen, wird das Abbruchkriterium nach einer bestimmten Anzahl an Iterationen erhöht. Durch ein höheres Abbruchkriterium wird die Toleranz gegenüber der Abweichung zwischen zwei Durchläufen erhöht, gleichzeitig wird die Präzision der Methode reduziert. In diesem Fall wird die Präzision der Methode um das Zehnfache reduziert, sodass die Toleranz im Bereich von 50 ms liegt. Sollte diese Erhöhung des Abbruchkriteriums nicht ausreichen, wird die Berechnung als nicht erfolgreich konvergiert bewertet.

Der Anspruch an die Umsetzung der Methode besteht darin, eine Modellierung zu entwickeln, die robust gegenüber diesem alternierenden Verhalten ist. Wie schon im Entwurf

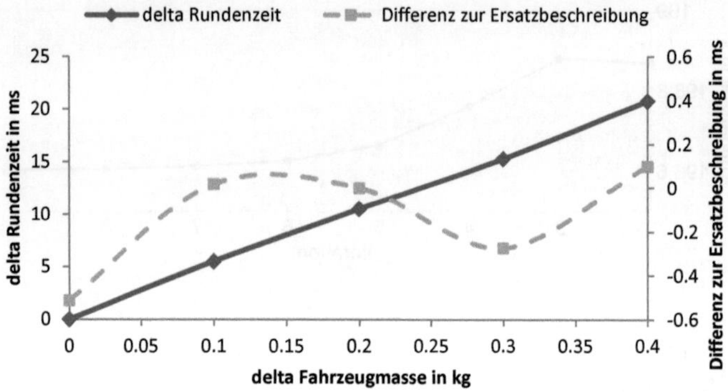

Abbildung 5.3: Rundenzeitveränderung bei kleinen Änderungen der Fahrzeugmasse.

der Methode in Kapitel 3 beschrieben, ist es aufgrund der komplexen Zusammenhänge schwierig, diese Wechselwirkung vorab abzuschätzen. Dies ist daher ein empirischer Prozess, dessen Ergebnis in dieser Arbeit beschrieben wird.

Um die Häufigkeit des Auftretens des nichtkonvergierenden Verhaltens zu bewerten, wird die Berechnung der Ergebnisse in Kapitel 6 ausgewertet, da diese Untersuchung ein sehr weites Feld an Parametern abdeckt. Bei über 3000 ausgeführten Simulationen kommt es bei 4,6 % zu reduzierter Genauigkeit aufgrund des unzureichenden Konvergenzverhaltens. In zwei Fällen wird die Simulation aufgrund des nichtkonvergierenden Verhaltens als nicht erfolgreich bewertet.

5.3 Genauigkeit

Zur Bewertung der Modellgenauigkeit werden in Kapitel 5.3.1 die verschiedenen Fahrzeuggrößen mit den Ergebnissen aus dem Fahrversuch verglichen. Diese Untersuchungen dienen, zusammen mit der Bewertung der Toleranz, zur Überprüfung inwieweit die Ursache bei eventuell auftretenden Abweichungen auf die Fahrzeugmodellierung zurückzuführen ist. Die Bewertung der Modellgenauigkeit und Toleranz ist Grundlage der Bewertung von Vorhersage- und Aussagegenauigkeit der Berechnung.

Als Parameterbasis wird eine in Open-Loop-Manövern abgeglichene Modellparametrierung verwendet. Dabei werden die tatsächliche Fahrzeuggeschwindigkeit, Längs- und Querbeschleunigung sowie Reifenkräfte als Eingänge für das Fahrzeugmodell verwendet und die restlichen Fahrzeuggrößen mit den Ergebnissen des Streckentests abgeglichen. Einzig die Reifenparameter werden für die Untersuchung der Modellgenauigkeit angepasst und als Basis für die weiteren Untersuchungen von Vorhersage- und Aussagegenauigkeit verwendet.

Zur Bewertung der Abweichung von Modellbeschreibung und Fahrversuch wird ein Fehlerwert berechnet. Die Mittelwertgleichheit wird über die Parameterbasis des Open-Loop-

Manövers und die Adaption der Reifenparameter hergestellt. Der Fehlerwert x_{rms} wird für n Wegschritte aus dem quadratischen Mittel der Differenzen aus Sollgröße $x_{i_{soll}}$ und Istgröße $x_{i_{ist}}$ berechnet.

$$x_{rms} = \sqrt{\sum_{i=1}^{n} \frac{(x_{i_{ist}} - x_{i_{soll}})^2}{n}} \tag{5.1}$$

Zur Bewertung der Vorhersagegenauigkeit der Methode wird die Geschwindigkeitsvorhersage für verschiedene Strecken in Kapitel 5.3.2 überprüft. Die Aussagegenauigkeit wird über einen Abgleich der rundenzeitoptimalen Fahrzeugparameter von Berechnung und Fahrversuch in Kapitel 5.3.3 überprüft. Diese Validierungsstrategie basiert auf der Annahme, dass die rundenzeitoptimale Fahrzeugparametrierung im Fahrversuch gefunden wird, soweit es die Toleranz des Streckentests aus Kapitel 5.1 zulässt. Bei der Bewertung der Vorhersage- und Aussagegenauigkeit werden Fahrzeug- und Reifenparameter nicht mehr adaptiert.

5.3.1 Fahrzeugmodell

Zur Validierung der Fahrzeugmodellbeschreibung und Parametrierung der erweiterten quasistatischen Rundenzeitsimulation werden die Simulationsergebnisse über einen Vergleich mit dem Streckentest überprüft. Dazu wird systematisch die Übereinstimmung, ausgehend von der Aufbaubewegung, über Abgleich der Dämpferwege und Fahrhöhen bis zu den Reifenkräften, Schlupf und Schräglaufwinkel, verglichen. Abschließend wird die Übereinstimmung der aus diesen Größen resultierenden Fahrzeugbeschleunigungen und Geschwindigkeit dargestellt. Die Reifenparameter werden zur Minimierung der Fehlerwerte adaptiert.

Als Referenzwert für die Bewertung der Übereinstimmung zwischen Berechnung und Fahrversuch werden die Fehlerwerte zwischen den zwei unter vergleichbaren Umgebungsbedingungen gefahrenen, jeweils schnellsten Runden aus dem Fahrversuch gebildet. Durch die Vergleichswerte wird überprüft, ob sich das Ergebnis der Rundenzeitoptimierung von einer Messfahrt deutlicher unterscheidet als zwei Messfahrten voneinander. Der Unterschied zwischen zwei Messfahrten resultiert aus einem unterschiedlichen Fahrstil der jeweiligen Fahrer und der damit abweichenden Geschwindigkeit.

Weiterhin wird das Verhältnis des Fehlerwerts zum Arbeitsbereich gebildet, um die relative Abweichung zwischen den verschiedenen Messgrößenabweichungen zu vergleichen. Die Fahrzeug- und Fahrwerkskonstruktionsparameter werden in dieser Untersuchung nicht offengelegt, für die Validierung werden die Fehlerwerte dimensionsbehaftet in einer Relation zur einer Normierungsgröße angegeben, die sich an dem Arbeitsbereich der jeweiligen Größe orientiert. Als Arbeitsbereich wird ein Bereich gewählt, der die jeweiligen auf der Streckenfahrt auftretenden Werte umschließt.

Durch die Aufbaubewegung werden aerodynamische Abtriebe und Radlasten beeinflusst. Über die Validierung der Dämpferwege wird implizit die Parametrierung von Feder- und Stabilisatorsteifigkeiten abgeglichen. Abbildung 5.4 zeigt den Vergleich zwischen den Dämpferwegen an der Hinterachse für den ersten Streckenabschnitt der Kurven eins bis sechs in Le Mans. Der Fehlerwert zwischen Modell und Messung beträgt 1,21 mm an der

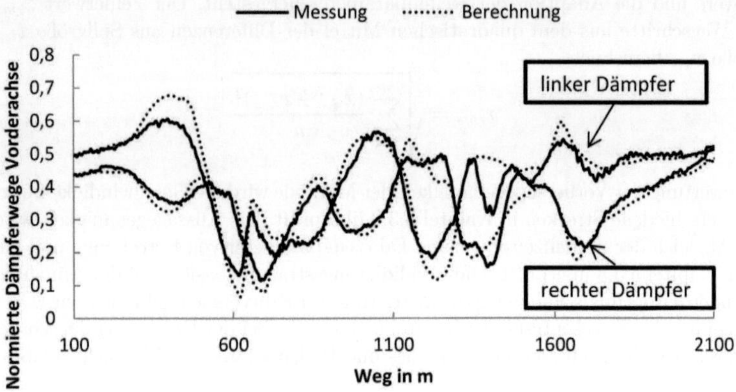

Abbildung 5.4: Normierte Dämpferwege an der Hinterachse für den ersten Teilabschnitt (Kurven 1 bis 6) der Rennstrecke Le Mans.

Vorderachse und 1,09 mm an der Hinterachse, gemittelt für linke und rechte Seite. Normiert über den Arbeitsbereich liegt der relative Fehler unter 10 %. Der Fehlerwert zwischen den Messfahrten liegt dabei mit 1,23 mm vorne und 1,02 mm hinten auf vergleichbarem Niveau.

Neben Schräglaufwinkel, Lenkwinkel und Rollwinkel hat die aktuelle Fahrzeughöhe einen Einfluss auf die aerodynamische Abtriebskraft und Luftwiderstand. Abbildung 5.5 zeigt die Fahrhöhen aus Simulation und Berechnung im Vergleich für Vorder- und Hinterachse. Beide Messreihen sind gleich gefiltert, die Messdatenreihe schwingt stärker. Neben Ungenauigkeiten bei der Modellierung der Fahrbahn spielt hier auch die Art der Messdatenaufzeichnung eine Rolle, da die Sensorik über optische Abtastung jede Unebenheit der Fahrbahn als Höhenstandsschwankung aufzeichnet. Die langwelligen Abweichungen z. B. im Bereich zwischen 1200 m und 1400 m resultieren aus Ungenauigkeiten in der Streckenbeschreibung. Die Fehlerwerte von 2,6 mm an der Vorderachse und 3,2 mm an der Hinterachse sind geringer als die Fehlerwerte zwischen den Messreihen mit 3,9 mm vorne und 4,9 mm hinten. Die relative Abweichung ist geringer als 5 %.

Abbildung 5.6 zeigt den gemittelten Schräglaufwinkel an der Vorderachse für die Kurven eins bis sechs in Le Mans. Die dargestellte geringe Abweichung zwischen Simulation und Messdaten wird durch den Fehlerwert bestätigt. Die liegt bei 0,53 ° an der Vorderachse und 0,31 ° an der Hinterachse. Verglichen mit dem Arbeitsbereich liegt der Fehler bei unter 5%. Der Fehlerwert zwischen den zwei gefahrenen Rennrunden liegt für die Vorderachse bei 0,67 ° und für die Hinterachse bei 0,51 °. Eine korrekte Beschreibung der Schräglaufwinkel führt zu einer korrekten Beschreibung des Schwimm- und Lenkwinkels, die über die geometrischen Zusammenhänge aus dem Einspurmodell nach Gleichung (4.2) berechnet werden.

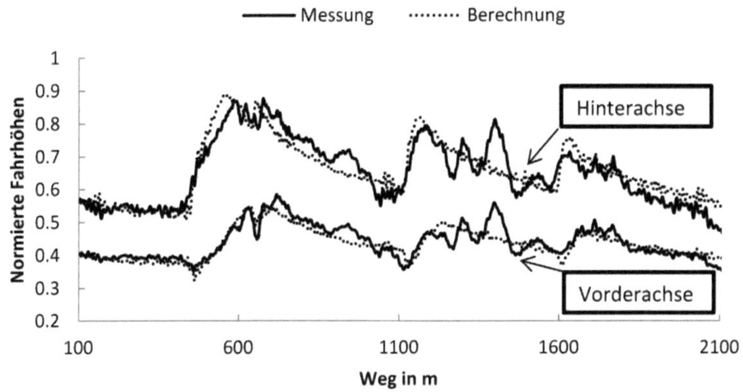

Abbildung 5.5: Normierte Fahrhöhen an der Vorder- und Hinterachse für den ersten Teilabschnitt (Kurven 1 bis 6) der Rennstrecke Le Mans.

Beim Vergleich des Längsschlupfs ergibt sich ein Fehlerwert von 1,08 % (Berechnung) gegenüber 1,55 % (Messung), gemittelt für die Vorderachse und 1,16 % (Berechnung) gegenüber 1,06 % (Messung), gemittelt für die Hinterachse. Bei einem angenommenen Arbeitsbereich zwischen den Maximalwerten der Reifenkraft ergibt sich ein relativer Fehler von über 10 %.

Die Abweichungen sind auf ähnlichem Niveau bei Versuch und Berechnung, besonders für den Längsschlupf ergibt sich ein im Vergleich zu den anderen Bereichen hoher relativer Fehler. Die hohen Werte sind hauptsächlich durch die im instabilen Schlupfbereich betriebenen Räder während der Bremsphase begründet. An der Vorderachse erreichen die Reifen teilweise kompletten Stillstand während der Bremsphase. Im Fahrversuch tritt dieser Effekt in Abhängigkeit vom Fahrer und nicht regelmäßig auf, in der Berechnung wird der Reifen nicht außerhalb des maximalen Längskraftpotentials betrieben. Dies erklärt die hohe relative Abweichung. Über den Vergleich der Reifenlängskräfte wird die Auswirkung dieser Abweichung bewertet (vgl. Abbildung 5.8).

Für die Berechnung der Reifenkräfte ist die Reifentemperatur eine wichtige Eingangsgröße. Abbildung 5.7 vergleicht gemessene und berechnete Reifenoberflächentemperaturen. Die an mehreren Stellen entlang der Reifenoberfläche gemessenen Temperaturen werden pro Achse gemittelt. Die Fehlerwerte der Berechnung liegen bei 4,3 °C an der Vorderachse und 2,3 °C an der Hinterachse. Aus dem Vergleich zwischen den beiden Versuchsfahrten ergeben sich Werte von 4,6 °C vorne und 3,9 °C hinten. Bei einem angenommenen Arbeitsbereich von 50 °C sind das mit 10 % höhere relative Fehler als z. B. beim Reifenschräglaufwinkel. Die Maximalwerte, die meistens an den Kurvenscheitelpunkten auftreten, unterscheiden sich zwischen Simulation und Berechnung. Dies zeigt auch der Vergleich des Fehlerwertes, ausgewertet bei Querbeschleunigung größer als 0,5 g. Hier liegen die Fehler bei 5,8 °C vorne und 2,9 °C hinten höher als für die Auswertung der Werte über die gesamte Strecke.

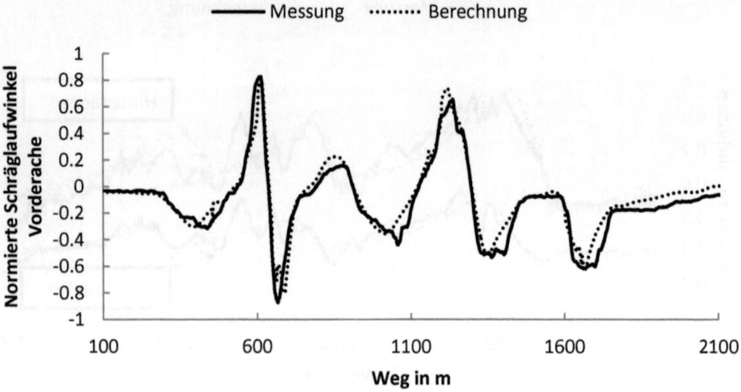

Abbildung 5.6: Normierter Schräglaufwinkel, gemittelt für beide Reifen der Vorderachse des ersten Teilabschnitts (Kurven 1 bis 6) der Rennstrecke Le Mans.

Die Oberflächentemperatur ist sehr sensitiv auf den aktuellen Schlupfzustand des Reifens. Ein erhöhter Reifenschlupf führt zu einem deutlichen Anstieg der Temperatur. Daher ist die Ursache für die Ungenauigkeit ähnlich wie beim Längsschlupfvergleich. Die Simulation bewegt den Reifen nahe des maximal übertragbaren Reifenpotentials, der reale Fahrer fährt den Reifen teilweise außerhalb des Kraftmaximums, was sich neben dem höheren Fehlerwert bei den Reifentemperaturen auch in den höheren Fehlerwerten der Schräglaufwinkel zeigt. Der schlechtere Wert an der Vorderachse ist darin begründet, dass der Fahrer hier weniger sensibel gegen Überschreiten des Kraftmaximums ist als an der Hinterachse. Dort führt das Überschreiten des Kraftmaximums mit höherer Wahrscheinlichkeit zu einem instabilen Fahrzeugzustand[140]. Aussagekräftiger für den Vergleich des Reifenzustands ist die Temperatur am Ende der Geraden, da hier die hochfrequenten Auswirkungen der Ein- und Austräge abgeklungen sind und sich langfristige Fehlertrends zeigen. Hier sind die Fehler der Simulation mit Werten von 3,4 °C vorne und 1,9 °C hinten ca. 20 % niedriger als für die gesamte Strecke.

Der Fehlerwert der Reifenkräfte, gemittelt für beide Reifen, liegt bei 810 N (Berechnung) im Vergleich zu 488 N (Versuch) in Längsrichtung und 605 N (Berechnung) im Vergleich zu 460 N (Versuch) in Querrichtung an der Vorderachse. An der Hinterachse ergeben sich Fehlerwerte von 881 N (Berechnung) zu 584 N (Versuch) für die Längskraft und 757 N (Berechnung) zu 480 N (Versuch) für die Querkraft. Abbildung 5.8 zeigt einen Ausschnitt des Vergleichs zwischen Längskräften an der Hinterachse. Der Wert der Berechnung ist schlechter als der Vergleichswert zwischen zwei Versuchsfahrten. Bei einem Arbeitsbereich von deutlich über 10000 N pro Achse ist die relative Abweichung mit unter 5 %, verglichen mit den vorherigen Größen, auf ähnlichem Niveau. Die Simulation bremst geringfügig später als das reale Fahrzeug, dafür ist die maximale Querbeschleunigung geringfügig niedriger. Dies wird durch eine zu ungenaue Parametrierung des Reifenmodells verursacht und erklärt den höheren Fehler der Berechnung.

[140]Vgl. Dynamisches Verhalten der Einspur bei Mitschke, *Dynamik der Kraftfahrzeuge* (2004), S. 584-613.

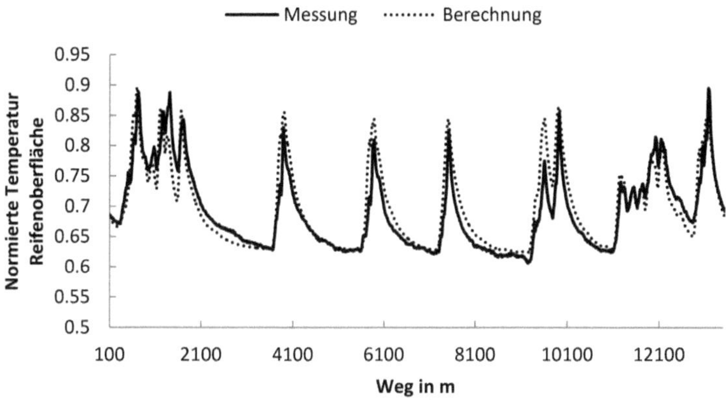

Abbildung 5.7: Normierte Reifentemperaturen, gemittelt für beide Reifen der Hinterachse über die gesamte Reifendicke für die Rennstrecke Le Mans.

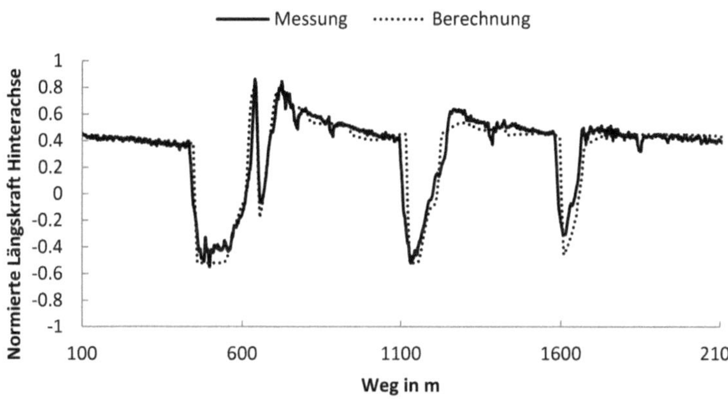

Abbildung 5.8: Normierte Längskräfte, gemittelt für beide Reifen der Hinterachse, für den ersten Streckenabschnitts (Kurven 1 bis 6) der Rennstrecke Le Mans.

Im Gegensatz zum Vergleich des Reifenschlupfs, bei dem die Simulation einen niedrigeren Fehlerwert hat, ist beim Vergleich der Reifenkräfte der Fehlerwert aus dem Messdatenvergleich geringer. Das bedeutet, die Schlupfunterschiede haben keine deutliche Auswirkung auf die Fehler der Reifenkräfte. Dies liegt zum einen an der nichtlinearen Kennlinie im Grenzbereich, zum anderen daran, dass die überkritischen Schlupfzustände eher am gering belasteten Reifen auftreten, der aufgrund der niedrigeren Radlast eine geringe Reifenkraft erzeugt. Der Fehlerwert wird aber durch die Abweichung bei hohen Reifenkräften bestimmt.

Die unterschiedlichen Reifenkräfte wirken sich auf die Beschleunigungen aus und diese wiederum haben direkte Auswirkung auf die Rundenzeit. Bei den ausgewählten Runden handelt es sich um die zwei Runden, in denen die Fahrer die geringsten Fehler machen und somit die schnellste Rundenzeit erreichen. Aufgrund der hohen Gesamtzahl an möglichen Runden wird angenommen, dass die ausgewählten Runden nahe der minimal möglichen Rundenzeit sind. Damit liegen die Rundenzeiten dicht zusammen. Der geringe Fehlerwert der Reifenkräfte ist eine logische Konsequenz aus der Auswahl der Runden. Dementsprechend zeigt sich bei den Fehlerwerten der Beschleunigung derselbe Trend wie in der Berechnung der Fehlerwerte der Reifenkräfte. Die Fehlerwerte liegen für a_x bei 0,33 g (Berechnung) zu 0,24 g (Versuch) und für a_y bei 0,27 g (Berechnung) zu 0,22 g (Versuch). Die relativen Fehler liegen unter 5 %. Abbildung 5.9 zeigt einen Vergleich der Querbeschleunigung für die Kurven 1 bis 6 der Rennstrecke Le Mans.

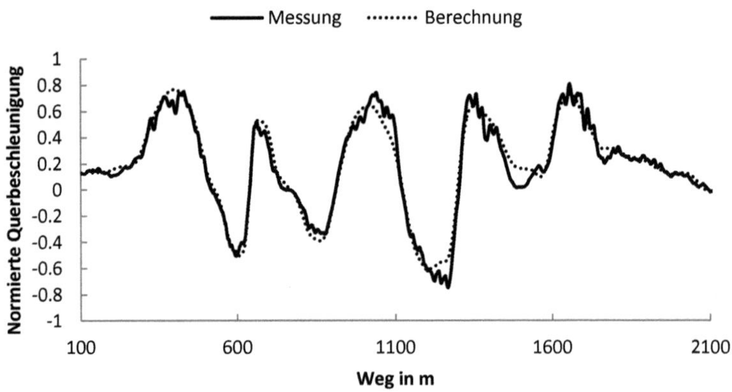

Abbildung 5.9: Normierte Querbeschleunigung für den ersten Streckenabschnitt (Kurven 1 bis 6) der Rennstrecke Le Mans.

In Summe ergibt sich aus den Fahrzeugzuständen ein Fahrzeugbeschleunigungspotential, aus dem die Geschwindigkeit berechnet wird. Abbildung 5.10 zeigt die berechnete und gemessene Geschwindigkeit im Vergleich. Der Fehlerwert zwischen den beiden Geschwindigkeiten beträgt 7,2 km/h im Vergleich zu 6,0 km/h zwischen den zwei schnellsten Runden. Der Fehler der Berechnung resultiert hauptsächlich aus Abweichungen auf der Geraden, da sie über einen langen Zeitraum auftreten. Die Hauptursache ist eine nicht ausreichend genau modellierte Steigung der Fahrbahn. Die Übereinstimmung der Minima der Geschwindigkeit wird im nachfolgendem Kapitel 5.3.2 zusammen mit der Vorhersagegenauigkeit dargestellt.

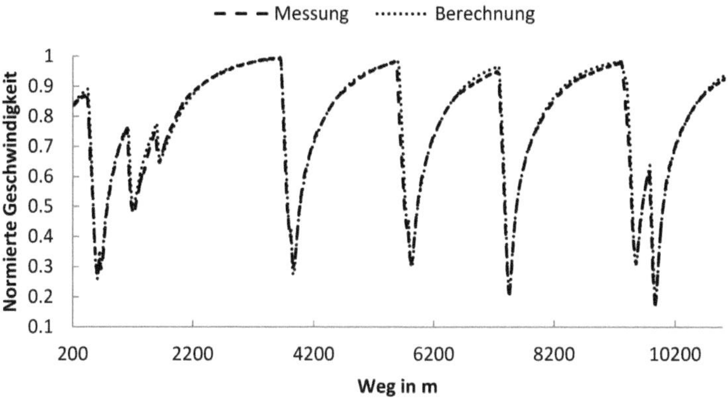

Abbildung 5.10: Normierte Geschwindigkeit für die Kurven 1 bis 12 der Rennstrecke Le Mans.

Aus einer hohen Übereinstimmung zwischen den Reifenkräften resultiert ein geringer Fehlerwert in den Beschleunigungen. Die geringen Abweichungen der Beschleunigungen führen zu einer geringen Abweichung bei der Geschwindigkeit. Damit wird über die Bewertung des Fehlerwertes der Geschwindigkeit die Fehlerwerte der anderen Größen implizit mitbewertet. Im Gegensatz zu einem Vergleich der Rundenzeit kompensieren sich Ungenauigkeiten bei der Fehlerwertberechnung der Geschwindigkeit nicht. Demzufolge ist der Fehlerwert der Geschwindigkeit ein Indikator für die Vergleichbarkeit zweier Runden. Die Untersuchung zeigt, dass die Berechnungsmethode kein Modellverhalten erzeugt, das deutlich vom realen Fahrzeugverhalten abweicht. Eine Abweichung vom realen Fahrzeugverhalten tritt auf, wenn aufgrund der Vereinfachungen oder Annahmen des Modellansatzes Fahrzustände erzeugt werden, die im realen Fahrbetrieb nicht auftreten.

5.3.2 Streckenvergleich

Eine geringe Abweichung der Rundenzeitvorhersage auf verschiedenen Strecken zeigt die Vorhersagegenauigkeit der Berechnungsmethode. Daher wird, basierend auf der Modellierung des vorherigen Kapitels, die Rundenzeitvorhersage für die verschiedenen Strecken der Langstreckenweltmeisterschaft (WEC) überprüft.

Die für die jeweilige Strecke verwendeten Fahrzeugparameter werden dabei von den tatsächlich verwendeten Fahrzeugparametern abgeleitet, sie werden nicht anhand der Ergebnisse adaptiert. Um die Vergleichbarkeit zu erhalten, werden in diesem Teil der Untersuchung die Reifenparameter nicht an die Streckenbedingungen angepasst, sondern weiter der Reifenparametersatz aus der Untersuchung der Rennstrecke Le Mans verwendet (vgl. Kapitel 5.3.1).

Als Streckenbasis dienen die acht Strecken der WEC 2012, die in Abbildung 5.11 dargestellt sind. Als Namenskonvention werden die Rennstrecken nach der benachbarten Ortschaft benannt. So wird im Folgenden z. B. von der Rennstrecke Silverstone gesprochen, auch wenn die tatsächliche Rennstrecke nicht innerhalb der Ortschaft liegt.

Zusätzlich zur Länge der jeweiligen Strecke ist die Aufteilung in langsame, mittlere und schnelle Kurvenabschnitte sowie in Geraden angegeben. Als gerade Abschnitte werden alle Bereiche mit einer Querbeschleunigung $|a_y| < 0{,}5\,g$ bezeichnet. Für die Kurven gilt $v \leq 120\,\mathrm{km/h}$ für langsame Kurven und $v \geq 180\,\mathrm{km/h}$ für schnelle Kurven. Kurven mit Geschwindigkeiten zwischen dem schnellen und langsamen Bereich $120\,\mathrm{km/h} < v < 180\,\mathrm{km/h}$ werden als mittelschnelle Kurve bezeichnet. Die Rennstrecken Spa und Le Mans haben den höchsten Geradenanteil, aber auch große Anteile schneller und mittelschneller Kurven. Die Rennstrecken Sebring und Silverstone haben einen großen Anteil an schnellen Kurven. Die Verteilung der Kurvengeschwindigkeit in Sao Paulo ist relativ ausgeglichen. Bahrain, Fuji und Shanghai haben mehr mittelschnelle und langsame Kurven.

In Abbildung 5.12 sind die normierten Abweichungen Δt der jeweils bewerteten Rundenzeiten t im Vergleich zur Referenzrundenzeit t_{ref} dargestellt.

$$\Delta t = \frac{t - t_{ref}}{t_{ref}} \tag{5.2}$$

Referenz ist jeweils die schnellste gefahrene Runde. Es sind Ergebnisse sowohl für die erweiterte quasistatische Simulation als auch für eine einfache, reine quasistatische Simulation angegeben. Die quasistatische Berechnung basiert auf einem vereinfachten Zweispurmodell, wie in Kapitel 4.1 beschrieben.

Als Referenz ist ebenfalls die Abweichung zur zweitschnellsten Runde aufgeführt. Aus der Gesamtheit der an einem Rennwochenende gefahrenen Runden sind die beiden schnellsten Runden diejenigen, bei denen die wenigsten Fahrfehler aufgetreten sind. Aufgrund der bereits geringen Fehleranfälligkeit der Fahrer auf der Gesamtheit der Runden (siehe Kapitel 5.1) wird durch diese spezielle Auswahl ein anspruchsvoller Maßstab für die Fehlerwerte der Berechnungsmethode gebildet.

Die Abweichung der Messungen zueinander beträgt ungefähr 0,3 %. Bei den Rennstrecken Bahrain und Fuji ist die Abweichung der Messungen mit ungefähr 1 % größer. Die Berechnung weicht deutlicher von der Referenzrundenzeit ab. Hier sind besonders Sebring, Sao Paulo und Bahrain mit Abweichungen von über 1 % auffällig. Fuji weicht um ca. 1 % ab. Die anderen Strecken wie Spa, Le Mans, Silverstone und Shanghai liegen bei geringeren Abweichungen von unter 0,6 %. Die Ergebnisse der eqs-Berechnung liegen im Vergleich zur qs-Lösung näher an der Rundenzeit der Referenzrunde. Einzig in Shanghai hat die quasistatische Simulation die geringere Abweichung. Hier ist die Abweichung sogar geringer als die Abweichung der beiden schnellsten Runden. Bei der Bewertung der Methode ist der Absolutfehler weniger entscheidend, da die Möglichkeit besteht über eine einmalige Anpassung der Reifenmodellierung den Fehler auszugleichen. Die schwankenden Fehlerwerte der qs-Berechnung sind bedeutender, da für ein besseres Ergebnis für jede Strecke eine deutlichere Adaption des Reifenreibungskoeffizienten nötig ist als bei der eqs-Berechnung. Das

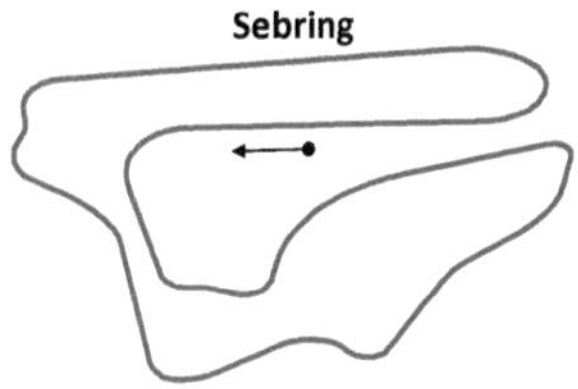

(a) D: 5,9 km, S: 23 %, M: 21 %, L: 7 %, G: 49 %

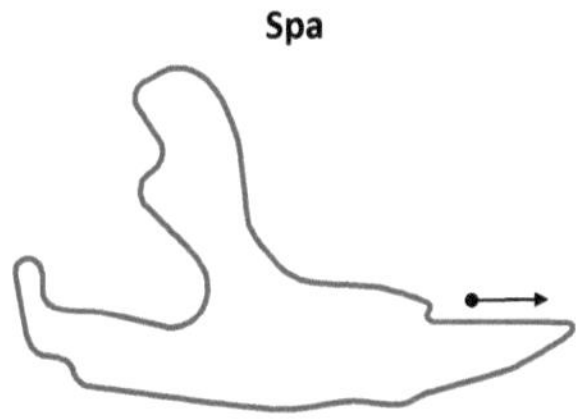

(b) D: 7,0 km, S: 17 %, M: 19 %, L: 9 %, G: 55 %

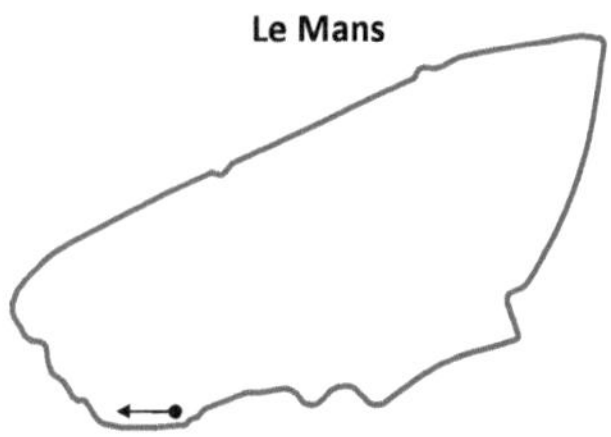

(c) D: 13,4 km, S: 19 %, M: 8 %, L: 4 %, G: 69 %

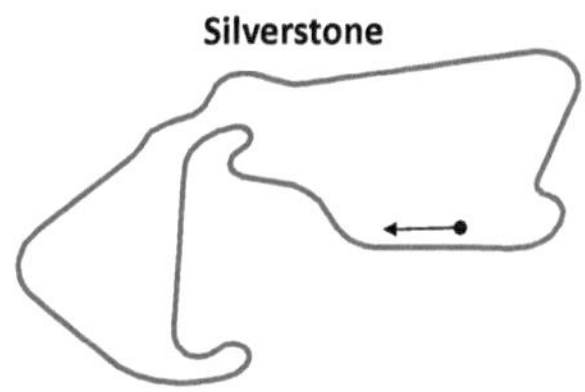

(d) D: 5,9 km, S: 26 %, M: 16 %, L: 14 %, G: 44 %

(e) D: 4,2 km, S: 20 %, M: 22 %, L: 19 %, G: 39 %

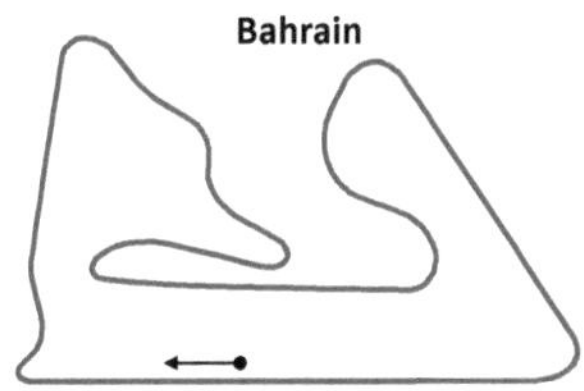

(f) D: 5,3 km, S: 10 %, M: 17 %, L: 16 %, G: 57 %

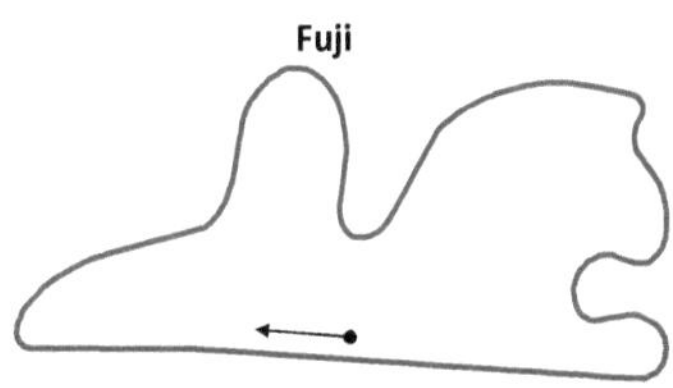

(g) D: 4,5 km, S: 14 %, M: 19 %, L: 21 %, G: 46 %

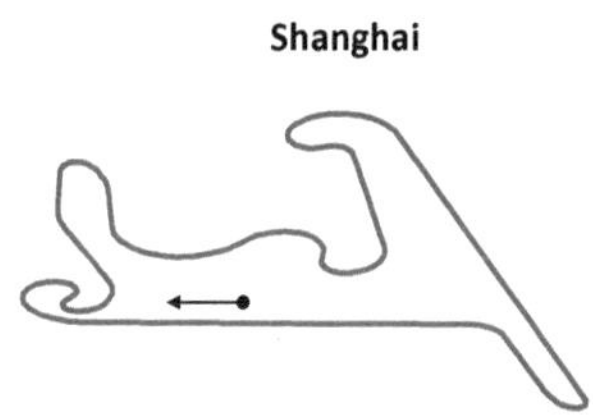

(h) D: 5,3 km, S: 8 %, M: 19 %, L: 22 %, G: 51 %

Abbildung 5.11: Strecken der Langstreckenweltmeisterschaft (WEC) des Jahres 2012. Für jede Strecke wird neben der Gesamtlänge (D) die Aufteilung zwischen schnellen (S: $v \geq 180\,\text{km/h}$), mittelschnellen (M: $120\,\text{km/h} < v < 180\,\text{km/h}$) und langsamen (L: $v \leq 120\,\text{km/h}$) Kurven sowie den geraden Abschnitten (G: $|a_y| < 0{,}5\,g$) angegeben. Der Pfeil kennzeichnet jeweils die Start-Ziel-Gerade und die Fahrtrichtung.

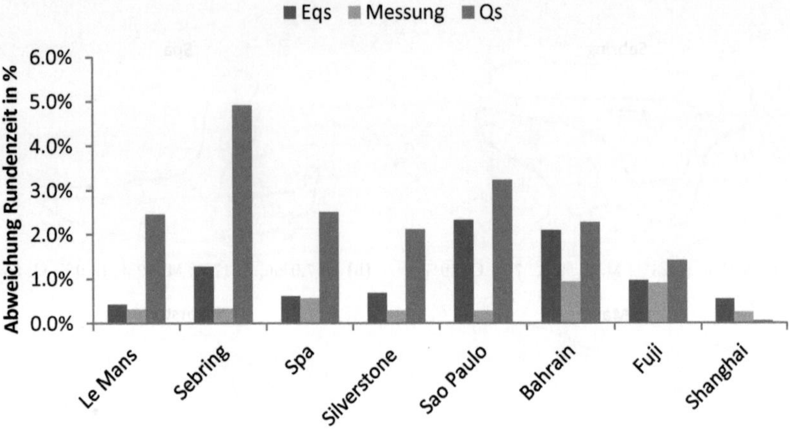

Abbildung 5.12: Abweichung der Rundenzeiten von der jeweils schnellsten gefahrenen Runde im Vergleich zur erweiterten quasistatischen Simulation, zweitschnellsten Runde und quasistatischen Simulation.

bedeutet, dass die Vorhersagegenauigkeit der hier verwendeten qs-Methode eingeschränkt ist.

Im hier nicht erreichten Idealfall wäre es nicht mehr nötig, das Reifenpotential anzupassen, da das Simulationsmodell die gesamten, streckenabhängigen Unterschiede enthält. Alle Berechnungen der eqs- wie auch der qs-Methode, sind langsamer als die gemessenen Runden. Hier ist eine einfache Verbesserung der Ergebnisse möglich, wenn das Reifenmodell nicht auf Grundlage auf der Betrachtung einer Strecke – wie in diesem Fall auf den Ergebnissen des vorherigen Kapitels 5.3.1 auf der Rennstrecke Le Mans – sondern unter Berücksichtigung aller Strecken erstellt wird.

Um die Ursache für die höheren Abweichungen auf einigen Strecken zu untersuchen, wird der Fehlerwert nach Gleichung (5.1) der Geschwindigkeiten gebildet. Wie im vorherigen Kapitel erläutert, ist der Fehlerwert der Geschwindigkeit für die Überprüfung der Vergleichbarkeit von verschiedenen Versuchs- oder Simulationsergebnissen besser geeignet als die Rundenzeit, da sich Abweichungen nicht kompensieren.

Abbildung 5.13 zeigt die Fehlerwerte für die beiden schnellsten Runden, die eqs-Berechnung und die einfache qs-Berechnung. Absolut betrachtet liegen die Fehlerwerte der eqs-Berechnung zwischen 5 km/h und 9 km/h. Der Vergleich der Fehlerwerte der Geschwindigkeit zwischen eqs-Berechnung und Messdaten zeigt einen ähnlichen Trend wie die Abweichung der Rundenzeiten. Während die Fehlerwerte von Silverstone, Fuji und Shanghai auf ähnlichen Niveau liegen wie die Fehler aus dem Messdatenvergleich, sind die Fehlerwerte der anderen Strecken höher. Die Differenz der Fehlerwerte zwischen Messdaten und eqs-Lösung beträgt in Sao Paulo 4 km/h, bei den Strecken Le Mans, Sebring, Spa und

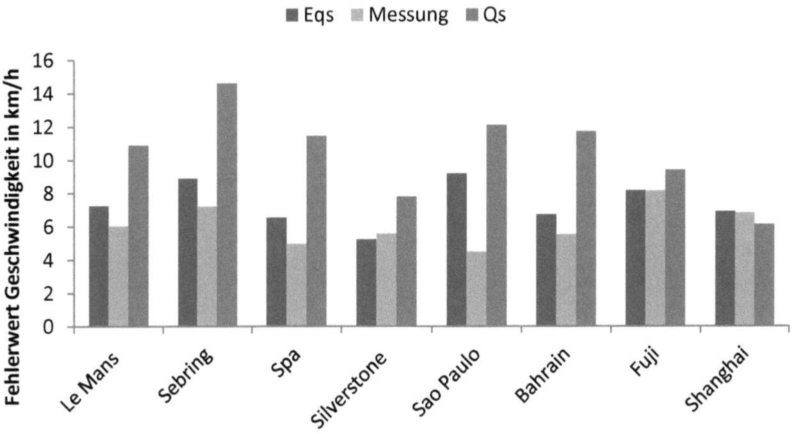

Abbildung 5.13: Fehlerwert der Geschwindigkeit zwischen der schnellsten gefahrenen Runde und der erweiterten quasistatischen Simulation, der zweitschnellsten Runde bzw. der quasistatischen Simulation.

Bahrain ist die Differenz weniger als 2 km/h. Die Fehlerwerte der qs-Berechnung variieren stärker als die Fehlerwerte der eqs-Berechnung.

Die Fehlerwerte der eqs-Berechnung weichen prozentual geringer vom Vergleichswert der Messdaten ab als im vorherigen Vergleich der Rundenzeiten. Während die Abweichungen der Rundenzeiten teilweise doppelt so hoch sind, liegen die Fehlerwerte bis auf Sao Paulo weniger als 30 % über dem Referenzwert.

Daraus wird geschlossen, dass die Geschwindigkeitsabweichungen der Berechnung besonders in den Bereichen auftreten, die einen hohen Einfluss auf die Rundenzeit haben, also bei hohen Geschwindigkeiten. Da hohe Geschwindigkeiten besonders am Ende der geraden Abschnitte auftreten, werden die Fehlerwerte aus Geschwindigkeitsabweichungen während der Kurvenfahrt isoliert betrachtet. Dazu werden die Fehlerwerte unter Querbeschleunigung größer 0,5 g gebildet.

Die Fehlerwerte der Geschwindigkeitsabweichung während der Kurvenfahrt für den Vergleich der zwei schnellsten Runden, für die eqs- sowie für die qs-Berechnung sind in Abbildung 5.14 dargestellt. Die Fehlerwerte sind um durchschnittlich 20 % geringer als in der vorherigen Betrachtung der gesamten Runde. Für Sao Paulo, Bahrain, Le Mans und Spa sind die Fehlerwerte um mehr als 10 % gefallen, im Durchschnitt um 28 %. Die Werte liegen unter 5,5 km/h für diese Strecken. Der Fehlerwert der Rennstrecken Sebring (-2 %), Fuji (-8 %) und Shanghai (-9 %) ist nicht so stark gefallen. Die absoluten Fehlerwerte dieser Strecken liegen zwischen 6 km/h und 9 km/h. Bis auf den Wert der Rennstrecke Sebring sind alle Fehlerwerte geringer als der Referenzfehler aus dem Messdatenvergleich. In Sebring resultiert ein hoher Anteil des Fehlerwerts aus einer Abweichung während der Kurvenfahrt, auf den anderen Strecken tritt der Fehler hauptsächlich auf der Geraden auf.

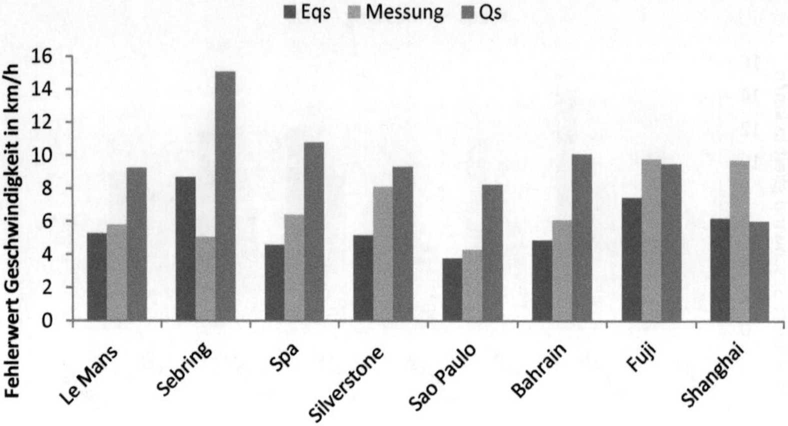

Abbildung 5.14: Fehlerwert der Geschwindigkeit unter Querbeschleunigung $|a_y| > 0{,}5\,g$ zwischen der schnellsten gefahrenen Runde und der erweiterten quasistatischen Simulation, der zweitschnellsten Runde bzw. der quasistatischen Simulation.

Verglichen mit dem aus den Streckentests gebildeten Referenzwert ist die Methode mit der aktuell verwendeten Parametrierung und Modellierung, mit einer Ausnahme, in der Lage, die Kurvengeschwindigkeiten vorherzusagen. Für Ungenauigkeiten der Rundenzeiten sind hauptsächlich die Abschnitte mit geringer Querbeschleunigung verantwortlich.

Ursache für die Abweichung auf den geraden Abschnitten ist eine nicht ausreichend genaue Parametrierung der Fahrbahnsteigung. Der Unterschied der Vorhersage der Kurvengeschwindigkeiten ist hauptsächlich auf Ungenauigkeiten in der Reifenmodellparametrierung zurückzuführen, genauer auf lokale Effekte des Reibungskoeffizienten durch die Streckenveränderung. Diese lokalen Effekte sind durch die momentane Modellierung nur eingeschränkt darstellbar.

Eine Verbesserung der Methode wird erforderlich, wenn die durch den Fahrereinfluss verursachte Abweichung über geeignete Methoden im Fahrversuch reduziert wird und so der Bedarf einer höheren Vorhersagegenauigkeit entsteht. Für genauere Absolutwertberechnung der Rundenzeit ist es nötig, neben der Verbesserung der Streckenbeschreibung, über lokale Analysen die Abweichungen des Reibungskoeffizentens zwischen Modellbeschreibung und realem Fahrzeugverhalten zu identifizieren und so die Modellierung und Parametrierung zu verbessern. Es werden keine durch das Berechnungsprinzip verursachten Abweichungen identifiziert.

5.3.3 Fahrzeugparametervergleich

In diesem Kapitel wird, wie in der Zielsetzung Kapitel 1.2 gefordert, überprüft, ob die Berechnungsmethode in der Lage ist, den zeitminimalen Zielbereich der Fahrzeugparametrierung zu identifizieren, um dann an der Strecke die Feineinstellungen vorzunehmen.

Annahme der Vorgehensweise zur Überprüfung der Aussagegenauigkeit ist, dass an einem Streckentest ein Fahrzeugparametersatz erarbeitet wird, dessen Rundenzeit nahe dem Optimum liegt. Aus dem gesamten Fahrzeugparametersatz werden die charakteristischen, rundenzeitbestimmenden, verstellbaren Fahrzeugparameter ausgewählt und für die verschiedenen Strecken der Langstreckenweltmeisterschaft (vgl. Abbildung 5.11) abgeglichen.

Das rechnerische zeitminimale Setup wird über einen SQP-Optimierungsalgorithmus berechnet. Um lokale Optima zu vermeiden, wird die Suche mehrfach mit jeweils anderen zufälligen Startwerten durchgeführt. Die konstruktiven Beschränkungen werden durch die Nebenbedingungen in der Optimierung beschrieben.

Tabelle 5.1 zeigt die Abweichungen zwischen Berechnung und Fahrversuch für Gewichtsverteilung, aerodynamische Abtriebsverteilung, Rollsteifigkeitsverteilung, Federsteifigkeiten, Fahrhöhen und Stabilisatorsteifigkeiten. Zur Berechnung der Abweichungen der Fahrzeugparameter zwischen Simulation und Streckentest wird das Fahrzeug in Konstruktionslage betrachtet. Die Angabe der Rollsteifigkeitsverteilung und die Feder- bzw. Stabilisatorsteifigkeiten ist eine redundante Information, da sich die Rollsteifigkeitsverteilung aus den Steifigkeiten berechnen lässt. Die Rollsteifigkeitsverteilung ist zusammen mit Abtriebs- und Gewichtsverteilung eine wichtige Kenngröße des Fahrzeugs, daher wird sie extra angegeben.

Die Abweichung $\Delta\mathcal{P}$ zwischen den berechneten Werten $\mathcal{P}_{sim}$ und realen Werten $\mathcal{P}_{real}$ des allgemeinen Parameter $\mathcal{P}$ in der Konstruktionslage wird mit dem Basiswert des jeweiligen Parameters normiert.

$$\Delta\mathcal{P} = \frac{\mathcal{P}_{sim} - \mathcal{P}_{real}}{\mathcal{P}_{real}} \tag{5.3}$$

Das rechnerische Optimum der Gewichtsverteilung ist auf allen Strecken zwischen 1,5 und 4 Prozentpunkte geringer, also mehr Hinterachslast, als die tatsächlich gefahrene Gewichtsverteilung. Die statische Hinterachsfahrhöhe ist ebenfalls auf allen Strecken geringer (im Mittel 17,5 Prozentpunkte), dafür ist die Federsteifigkeit an der Hinterachse im Mittel 18 Prozentpunkte höher als die tatsächlich gefahrene Steifigkeit. Die Federsteifigkeit an der Vorderachse ist mit Werten zwischen -27 % und 0 % etwas geringer. Die statische Fahrhöhe an der Vorderachse ist mit Werten zwischen -5 % und 0 % etwa gleich. Für die Stabilisatorsteifigkeit $c_{roll_{v,h}}$ ergibt sich die größte Abweichung. Die Stabilisatorsteifigkeit ist im berechneten Parametersatz auf allen Strecken weicher. Die Werte liegen zwischen -118 % und -1 %. Die Stabilisatorsteifigkeiten sind damit in der Berechnung deutlich geringer als im Streckentest. Dies wird teilweise durch die höhere Federsteifigkeit kompensiert. Trotzdem ergibt sich in Summe eine geringere Gesamtrollsteifigkeit in der berechneten Lösung.

Für die Abtriebs- und Rollsteifigkeitsverteilung wird kein klarer Trend für die Abweichung identifiziert. Die Abtriebsverteilung für Sebring, Spa und Le Mans liegt in der Berechnung im Mittel um 7,2 Prozentpunkte weiter vorne. Für die anderen Strecken ergibt sich eine optimale Abtriebsverteilung, die geringer ist als der Vergleichswert der Strecke mit Werten im Mittel von -2,2 Prozentpunkten. Die Abweichung der Rollsteifigkeitsverteilung für Sebring und Fuji ist mit Werten zwischen -24,1 % und -32 % deutlich größer als bei den anderen Strecken. Dort liegen die Werte zwischen -9 % und 14 %.

	Sebring	Spa	Le Mans	Silverstone	Sao Paulo	Bahrain	Fuji	Shanghai
m_{bal}	-2,8 %	-3,8 %	-2,9 %	-4,0 %	-1,5 %	-3,2 %	-1,9 %	-3,8 %
a_{bal}	9,4 %	8,1 %	4,1 %	-5,0 %	-1,1 %	-2,0 %	-4,1 %	-6,9 %
c_{bal}	-24,1 %	-2,5 %	-8,5 %	-4,6 %	3,6 %	8,0 %	-32,0 %	0,0 %
$c_{a,v}$	-26,9 %	0,0 %	-11,8 %	-17,9 %	-14,5 %	-7,3 %	-11,8 %	-11,8 %
$c_{a,h}$	40,5 %	13,0 %	15,0 %	5,3 %	2,5 %	2,5 %	42,7 %	25,0 %
z_{A_v}	-1,2 %	-3,3 %	0,0 %	-0,6 %	-4,2 %	-2,5 %	-5,0 %	0,0 %
z_{A_h}	-7,4 %	-36,9 %	-4,6 %	-20,3 %	-16,7 %	-18,9 %	-15,5 %	-20,0 %
c_{roll_v}	-16,0 %	-44,8 %	-1,3 %	-54,3 %	-17,0 %	-6,3 %	-20,0 %	-29,4 %
c_{roll_h}	-43,7 %	-63,5 %	-15,0 %	-117,3 %	-74,6 %	-15,6 %	-18,3 %	-74,1 %

Tabelle 5.1: Abweichung zwischen berechneten und im Fahrversuch ermittelten Fahrzeugparametern. Die Werte sind mit dem Basiswert des jeweiligen Parameters normiert.

Die Fahrzeugparameter haben einen nichtlinearen Einfluss auf die Rundenzeit und interagieren mit den anderen Fahrzeugparametern (vgl. Kapitel 6). Deshalb werden die Abweichungen der Parameter nicht einzeln, sondern als Gesamtparametersatz über die Abweichung der Rundenzeit bewertet. Dazu wird die Rundenzeit aus dem numerisch optimierten Parametersatz mit der Rundenzeit verglichen, die sich aus dem tatsächlich gefahrenen Fahrzeugparametersatz ergibt, wenn dieser in der Berechnung verwendet wird.

Abbildung 5.15 zeigt die berechnete Abweichung der Rundenzeit des optimierten und des tatsächlich gefahrenen Fahrzeugparametersatzes. Die Abweichung der Rundenzeit wird, analog zu Gleichung (5.3) berechnet, wobei der rechnerisch optimierte Fahrzeugparametersatz die Referenz ist. Obwohl die Abweichung zwischen den Parametern teilweise über 100 % liegt, ist die Auswirkung auf die Rundenzeit unter 0,7 %. Der große relative Unterschied zwischen Parameterabweichung und Rundenzeitabweichung ist entweder durch den lokal geringen Einfluss der Parameter auf die Rundenzeit oder durch gegenseitige Kompensation der Einflüsse begründet.

Die Abweichung zwischen Berechnung und Streckentest liegt zwischen 0,14 s und 0,68 s. Bei den Rennstrecken Le Mans, Silverstone, Sao Paulo Bahrain und Shanghai ist die Abweichung geringer als 0,36 %. Die Rundenzeitabweichung der Rennstrecken Sebring, Spa und Fuji liegt zwischen 0,5 % und 0,7 %. Die Abweichung liegt im Bereich der Abweichung zweier tatsächlich gefahrener schneller Runden, die, wie im vorherigen Kapitel gezeigt, zwischen 0,3 % und 0,9 % liegt.

Die Abweichung in Spa wird von 0,61 % auf 0,32 % reduziert, wenn die Hinterachsfahrhöhe auf den tatsächlich gefahrenen Wert angepasst wird (-34 %). Im tatsächlichen Fahrbetrieb wird nicht auf dem niedrigen berechneten Niveau gefahren, da die Mindestfahrhöhe unterschritten wird. Die Mindestfahrhöhe ist so definiert, dass ein Aufsetzen des Fahrzeug auf der Fahrbahn vermieden wird. Diese Mindestfahrhöhe wird zwar in der Parameteroptimierung ebenfalls als Nebenbedingung beachtet, aber aufgrund von Streckenmodellierungsfehlern werden nicht dieselben niedrigen dynamischen Fahrhöhen erreicht wie im Fahrversuch. Daher lässt die Nebenbedingung die zu tiefen Fahrhöhen zu.

In Fuji und Sebring resultiert die höhere Abweichung zum großen Teil aus der Abweichung der Rollsteifigkeitsverteilung, die im Vergleich zu den anderen Strecken deutlich höher ist.

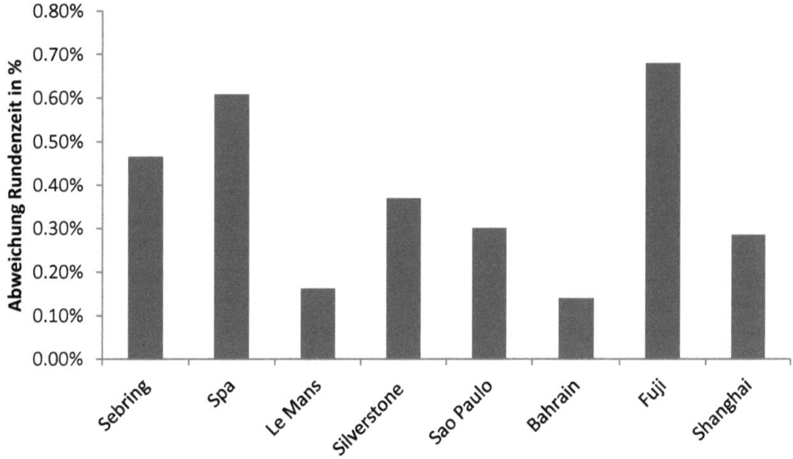

Abbildung 5.15: Abweichung der Rundenzeit zwischen rechnerisch optimiertem Fahrzeugparametersatz und tatsächlich gefahrenem Parametersatz.

Wird die Rollsteifigkeitsverteilung des Streckentests verwendet, reduziert sich die Abweichung in Fuji von 0,68 % auf 0,34 % und in Sebring von 0,47 % auf 0,32 %. Die abweichende Rollsteifigkeitsverteilung ist in diesem Fall auf die, im vorherigen Kapitel identifizierte, Ungenauigkeit in der Reifenmodellierung in Zusammenhang mit den wegabhängigen Reibungskoeffizienten zurückzuführen. Diese führt auch dazu, dass beide Strecken ebenfalls die höchsten Abweichungen der Kurvengeschwindigkeiten in Abbildung 5.14 aufweisen.

Damit bewegt sich die Abweichung der Rundenzeit, mit rechnerisch optimierten Parametern, zur Rundenzeit, mit den tatsächlich gefahrenen Parametern, auf fünf der acht Strecken innerhalb der in Kapitel 5.1 identifizierten Toleranz des Streckentests. Somit liegt die Abweichung der Rundenzeit unterhalb der Grenze, die aufgrund der Rundenzeiteinflüsse im Streckentest deutlich bewertbar ist. Für die drei anderen Strecken ist die höhere Abweichung durch Modellierungs- oder Parametrierungsfehler begründet. Im Rahmen der Toleranz des Streckentests werden damit keine konzeptionellen Fehler der Methode aufgedeckt, die eine Bewertung der Parameter über die Rundenzeit verhindern.

Wenn aufgrund besserer Methoden mit reduzierter Toleranz der Rundenzeitbewertung im Streckentest ein genauere Vorhersage gewünscht ist, wird möglicherweise eine verbesserte Modellierung und Parametrierung benötigt. Die Präzision der Methode erlaubt Aussagen mit höherer Genauigkeit.

Auch auf Strecken, die eine sehr geringe Rundenzeitabweichung aufweisen wie Le Mans oder Bahrain mit Werten von unter 0,15 %, ist die Abweichung der Fahrzeugparameter mit Absolutwerten zwischen 0 % und 15 % für Le Mans bzw. Werte zwischen 2,0 % und 18,9 % für Bahrain durchaus noch vorhanden. Aufgrund der geringen Rundenzeitsensitivität wird vermutet, dass innerhalb eines optimalen Bereichs die Rundenzeitsensitivität der verschiedenen Fahrzeugparameter gering ist. Dies wird im nachfolgenden Kapitel 6.2 überprüft.

5.4 Fazit

In diesem Kapitel wird die Vorhersage- und Aussagegenauigkeit der Methode über Falsifizierungsversuche validiert. Die Vorhersagegenauigkeit wird überprüft, indem die Geschwindigkeit und damit die Rundenzeit auf verschiedenen Strecken für den tatsächlich gefahrenen Fahrzeugparametersatz zwischen Berechnung und Streckentest verglichen wird. Bei dem Geschwindigkeitsvergleich zeigt sich, dass die Simulation für die Kurvenabschnitte im Bereich des aus Messdaten gebildeten Vergleichswerts liegt. Auf den geraden Abschnitten ist die Modellgenauigkeit der Simulation nicht ausreichend.

Zur Überprüfung der Aussagegenauigkeit wird auf verschiedenen Strecken die Übereinstimmung zwischen theoretisch optimalen und im Streckentest optimierten Fahrzeugparametersatz überprüft. Die Vorhersage der optimalen Fahrzeugparameter wird bei einer hohen Interaktion zwischen einzelnen Fahrzeugparametern zu einer anspruchsvollen Anforderung, da es nötig ist, dass die Methode in der Lage ist, die kombinierten Effekte zu beschreiben. Daher erhöht die Überprüfung der Interaktion im nachfolgenden Kapitel 6 bei erfolgreichem Nachweis der ausgeprägten Wechselwirkung zwischen den Parametern den Wert der hier durchgeführten Überprüfung der Methode. Ein hoher Einfluss der verschiedenen Strecken auf die optimalen Fahrzeugparameter steigert ebenfalls den Wert der Überprüfung der Aussagegenauigkeit. Daher wird der Streckeneinfluss auf die Fahrzeugparameter ebenfalls in Kapitel 6 untersucht.

Die Methode ermöglicht eine Vorabbewertung des optimalen Bereichs, um diesen anschließend im Streckentest weiter zu verbessern. Trotz der geringen Rundenzeitabweichungen treten Parameterabweichungen von über 100 % auf. Dies führt zu der Annahme, dass innerhalb eines rundenzeitoptimalen Bereichs die Fahrzeugparameter eine geringe Rundenzeitsensitivität haben oder dass sich Änderungen der Fahrzeugparameter gegenseitig kompensieren. Diese Annahme wird in Kapitel 6.2 untersucht.

In den Falsifizierungsversuchen haben weder die beschriebenen Einschränkungen des Entwurfs[141] noch eventuelle andere konzeptionelle Fehler identifizierbare Auswirkung auf das Ergebnis. Trotzdem wird nicht ausgeschlossen, dass auftretende konzeptionelle Fehler durch die Modellbeschreibung oder Parametrierung kompensiert werden. Besonders durch die hier verwendete Bedatung der Reifenparameter, die auf Adaption der Parameter auf Basis der Ergebnisse der Strecke Le Mans fußen, ist es möglich, dass potentielle Modellierungsfehler überdeckt werden.

Als Basis für die Validierung wird die Toleranz der Methode überprüft, um eventuelle Unschärfen vorab zu identifizieren und die daraus resultierende Einschränkung für die Berechnung zu bewerten. In diesem Fall sind die Einschränkungen für die Verwendung der Rundenzeitsimulation gering. Das robuste Konvergenzverhalten und die hohe Präzision

[141] Vgl. Kapitel 3.

ist beim Entwurf aufgrund der konzeptionellen Nähe zur quasistatischen Simulation angenommen und wird hier bestätigt. Speziell die hohe Präzision ist Voraussetzung für den zur Fahrzeugparameterberechnung verwendeten Optimierungsansatz, da die Präzision zur korrekten numerischen Berechnung der Ableitungen benötigt wird. Andernfalls ist der Einsatz von gradientenfreien Optimierungsalgorithmen nötig, was in einer höheren Rechenzeit resultiert.

Die Validierungsmethodik über die Überprüfung der Toleranz und anschließende Überprüfung der Modell-, Vorhersage- und Aussagegenauigkeit ist auf andere Anwendungsfälle übertragbar, da die verwendeten Kriterien unabhängig von der Fahrzeugklasse oder der Strecke sind.

6 Zeitminimale Fahrzeugparametrierung

Das Anwendungsziel der in dieser Arbeit entwickelten Methode ist eine Untersuchung der transienten Effekte, um eine Parametervorhersage für die Fahrzeugentwicklung zu leisten. In diesem Kapitel wird daher überprüft, ob mit der Methode der gewünschte Zweck erreicht wird, die Einflüsse transienten Fahrzeugverhaltens auf die Rundenzeit objektiv zu bewerten.

Zum anderen wird in Abschnitt 6.1 die Interaktion der verschiedenen, modellierten Beschreibungen des transienten Fahrzeugverhaltens untersucht sowie der Einfluss der Fahrzeugparameter auf die Rundenzeit überprüft. Hierzu wird der Parameterraum durch große Variation der Fahrzeugparameter untersucht.

Weiterhin wird in Abschnitt 6.2 die Annahme des vorherigen Kapitels überprüft, ob ein optimaler Bereich identifizierbar ist, in dem der Einfluss der Fahrzeugparameter auf die Rundenzeit gering ist, obwohl die Fahrzeugparameter außerhalb des optimalen Bereichs einen hohen Rundenzeiteinfluss haben. Zur Identifikation der Parameter, die den optimalen Bereich bestimmen, ist es nötig, die Parameter mit lokalem Optimum und nichtlinearen Rundenzeitsensitivitäten zu bestimmen. Nachdem die nichtlinearen Parameter gefunden sind, wird die Interaktion des optimalen Bereichs mit der restlichen Fahrzeugparametrierung untersucht.

Als Fahrzeugparametersatz wird ein exemplarisches Fahrzeugmodell eines Le Mans-Prototyp verwendet, das aus den im vorherigen Kapitel verwendeten Parametern abgeleitet wird. Die Basisparameter des exemplarischen Fahrzeugmodells des Le Mans-Prototyp sind $m = 1000\,\mathrm{kg}$, $c_a = 1{,}8$, $c_w = 0{,}5$, $\mu = 1{,}6$ und $P = 335\,\mathrm{kW}$. Die Stirnfläche ist für alle in diesem Kapitel betrachteten Fahrzeuge zur besseren Vergleichbarkeit auf $A = 2\,\mathrm{m}^2$ festgelegt. Zur Untersuchung des Einflusses der Basisparameter auf den optimalen Bereich werden verschiedene Fahrzeugparametrierungen verwendet. Dazu wird ein Formel 1-Fahrzeug mit dem Basisparametersatz $m = 750\,\mathrm{kg}$, $c_a = 2{,}5$, $c_w = 0{,}6$, $\mu = 1{,}6$ und $P = 650\,\mathrm{kW}$ sowie ein exemplarisches GT-Fahrzeug mit dem Basisparametersatz $m = 1400\,\mathrm{kg}$, $c_a = 0{,}5$, $c_w = 0{,}35$, $\mu = 1{,}6$ und $P = 300\,\mathrm{kW}$ verwendet.

Zum Abschluss werden in Abschnitt 6.3 die den optimalen Bereich bestimmenden Parameter auf verschiedenen Strecken optimiert und die streckenabhängige Veränderung der Sensitivitäten der Basisparameter untersucht. Die Identifikation der Streckeneinflüsse wird benötigt, um den Wert der Vorhersage der optimalen Parameter im vorherigen Kapitel zu bestätigen, da bei einem kleinen Einfluss der Strecke auf die optimalen Fahrzeugparameter die Vorhersage einen deutlich geringeren Anspruch an die Methode stellt.

Als Referenzstrecke wird die Rennstrecke Silverstone gewählt, es wird das exemplarische LMP-Fahrzeugmodell verwendet. In Abbildung 6.1 ist die Strecke dargestellt. Die Kurven sind zur besseren Referenzierung nummeriert.

Durch den Vergleich mit quasistatischer Berechnung wird der Unterschied zwischen den beiden Berechnungen dargestellt. Bei der quasistatischen Berechnung, die zum Vergleich herangezogen wird, handelt es sich um eine einfache Berechnung nach der in Abschnitt 4.1 beschriebene Rundenzeitoptimierung, basierend auf einem vereinfachten Zweispurmodell. Das Modell enthält keine höhenabhängige Aerodynamik.

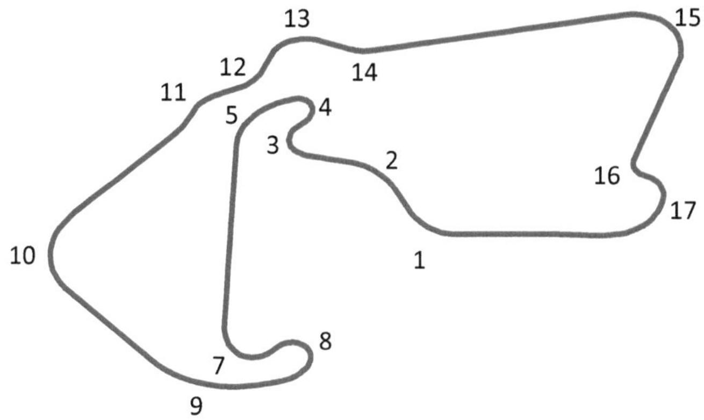

Abbildung 6.1: Rennstrecke Silverstone, auf der die 6 Stunden von Silverstone als Teil der Langstreckenweltmeisterschaft ausgetragen werden. Die verschiedenen Kurven sind nummeriert.

Zur Bewertung der Rundenzeitsensitivitäten wird der Sensitivitätsindex (SI) definiert. Der SI wird berechnet, über den Rundenzeitunterschied $\Delta RDZ = \Delta RDZ_2 - \Delta RDZ_1$ normiert mit der Basisrundenzeit ΔRDZ_1 und die Verstellung des Parameters $\Delta x = x_2 - x_1$ normiert mit dem Basiswert x_1 des Parameters. Die Normierung ist sinnvoll, um verschiedene Strecken und unterschiedliche Parameter zu vergleichen.

$$SI = \left| \frac{\Delta RDZ}{\Delta x} \frac{x_1}{RDZ_1} \right| \tag{6.1}$$

Wie in Abschnitt 5.1 festgelegt, werden auf einer 100 s dauernden Runde Effekte mit einem SI größer als 0,36 als große Effekte und einem SI geringer als 0,1 als kleine Effekte bezeichnet. Der Bereich dazwischen wird als mittlerer Rundenzeiteinfluss bezeichnet. Der Grenzwert für die Relevanz einer Sensitivität ist auf 0,01 festgelegt.

6.1 Einfluss und Interaktion des transienten Fahrzeugverhaltens

6.1.1 Reifen

Der Reifen überträgt die zur Beschleunigung des Fahrzeugs nötige Kraft auf die Straße. Das Reifenpotential der hier gewählten Modellierung wird durch die Radlast und die Reifen-

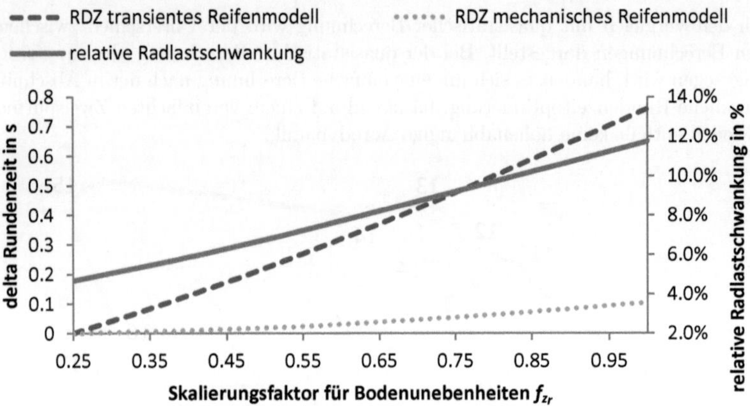

Abbildung 6.2: Einfluss auf Rundenzeit und relative Radlastschwankung durch Bodenunebenheiten.

temperaturen beeinflusst. Die Radlastschwankung gilt durch den Einfluss auf den mittleren Reibungskoeffizienten des Reifens als Maß für die Sicherheit von Kraftfahrzeugen[142]. Daher wird überprüft, inwiefern sich Radlastschwankungen auf die Rundenzeit auswirken.

Abbildung 6.2 zeigt den Einfluss durch unterschiedliche Radlastschwankung. Die relative Radlastschwankung ist in Abschnitt 4.2.4 definiert. Die Unebenheiten der Fahrbahn z_r werden über einen Faktor f_{z_r} nach $\underline{z_r} = f_{z_r} z_r$ skaliert, um den Einfluss der Radlastschwankung zu untersuchen. Die über alle vier Reifen gemittelte Radlastschwankung wird ebenfalls angegeben. Sie steigt durch die Erhöhung des Skalierungsfaktors um 7 % an. Der Rundenzeiteinfluss bei einem transienten, wie in Abschnitt 4.2.2 beschriebenen Reifenmodell und bei einem rein mechanischen Reifenmodell ohne Einlaufverhalten und Reifentemperatureinfluss wird dargestellt. Der Einfluss der Unebenheiten bei dem transienten Modell ist dabei deutlich größer als bei dem rein mechanischen Modell. Zwischen $f_{z_r} = 0{,}25$ und $f_{z_r} = 1$ steigt die Rundenzeit um 0,75 s beim transienten Modell im Vergleich zu 0,1 s beim mechanischen Modell. Durch den Temperatureinfluss im transienten Modell unterscheidet sich der Reibungskoeffizient auch ohne Radlastschwankung, daher überschneiden sich die beiden Rundenzeiten nicht am Nullpunkt.

Die gemittelte innere Reifentemperatur steigt beim transienten Reifenmodell zwischen dem Skalierungsfaktor $f_{z_r} = 0{,}25$ und $f_{z_r} = 1$ um 0,2 °C. Die geringere Temperatur durch langsamere Rundenzeiten und das damit verbundene geringere Kraftniveau liegt 0,1 °C niedriger. Das bedeutet, dass der Temperaturverlust durch die langsamere Rundenzeit leicht durch den Energieeintrag aufgrund der erhöhten Radlastschwankung leicht überkompensiert wird. Dies hat ebenfalls Einfluss auf die Rundenzeit. Der Effekt wird aber im Wesentlichen auf das modellierte Einlaufverhalten zurückgeführt. Der hier dargestellte Rundenzeiteinfluss mit transienter Modellbeschreibung wird nach Definition als große Sensitivität bezeichnet, wobei im realen Fahrzeugbetrieb Radlastschwankungsreduktionen um

[142] Mitschke, *Dynamik der Kraftfahrzeuge* (2004), S. 303-307.

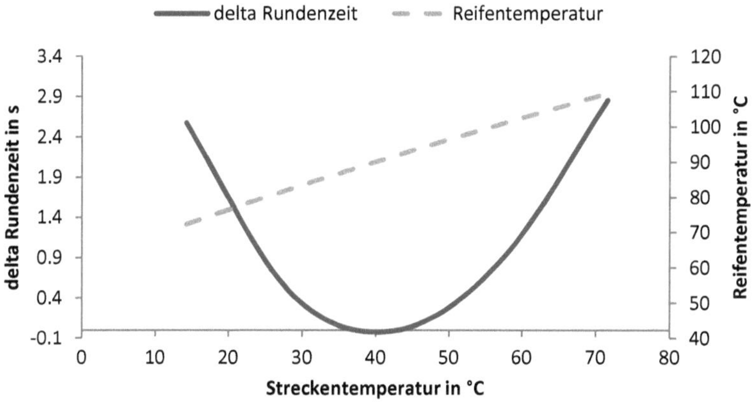

Abbildung 6.3: Einfluss auf Rundenzeit und gemittelte Reifentemperatur durch Streckentemperatur.

mehrere Prozentpunkte schwer zu realisieren sind. Daher wird im nachfolgenden Abschnitt 6.1.3 der Einfluss der Fahrzeugparametrierung auf Radlastschwankung und Rundenzeiten untersucht.

Der Einfluss von verschiedenen Streckentemperaturen auf die Reifentemperatur und die damit verbundene Änderung in der Rundenzeit ist in Abbildung 6.3 zu sehen. Die Streckentemperatur wird dabei zwischen 15 °C und 71 °C variiert. Die minimale Rundenzeit fällt zwischen 15 °C und 40 °C um 2,5 s ab, dann steigt sie zwischen 40 °C und 70 °C wieder um 2,8 s an, wobei der Verlauf nicht linear ist. Die Streckentemperaturänderung von 50 °C beeinflusst die über die Reifendicke aller vier Reifen gemittelte Reifentemperatur um 37 °C. Die Rückkopplung von Reifentemperatur auf den Reifenreibungskoeffizienten, die in Abschnitt 4.2.2 beschrieben ist, erklärt deren großen Einfluss auf die Rundenzeit.

Die Reifentemperatur wird neben der Streckentemperatur auch von weiteren Umgebungsbedingungen oder der Fahrzeugparametrierung beeinflusst. So wird beispielsweise durch einen um 20 % höheren Abtrieb eine um 3 °C höhere gemittelte Reifentemperatur erzeugt. Die Sensitivität im Bereich zwischen 20 °C und 30 °C Streckentemperatur beträgt 0,15 s/°C (Reifentemperatur). Das bedeutet eine Änderung der Reifentemperatur von 3 °C hat einen Rundenzeiteinfluss von 0,45 s in diesem Bereich. Durch den erhöhten Abtrieb fällt die Rundenzeit um weitere 1,7 s. Die aufgeführten Veränderung um 3 °C werden zum einen durch die höhere Radlast erzeugt, zum anderen ergibt sich ein zusätzlicher Wärmeeintrag durch den höheren Abtrieb und die damit verbundene erhöhte Kurvengeschwindigkeit. Zwischen Kurvengeschwindigkeit und Reifentemperatur tritt ein selbstverstärkender Effekt auf, da durch eine höhere Kurvengeschwindigkeit eine höhere Reifentemperatur erzeugt wird, die wiederum in einer erhöhten Kurvengeschwindigkeit resultiert.

Das transiente Verhalten der Reifentemperatur ist niederfrequenter als das sonstige transiente Fahrzeugverhalten und reagiert damit langsamer auf Änderungen der Eingangsgrößen. In Abbildung 6.4 wird der Effekt des sich erwärmenden Reifens in einer Kurvenkombination

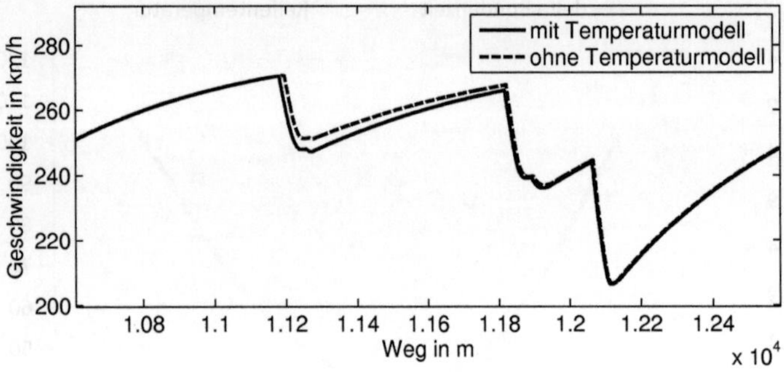

Abbildung 6.4: Einfluss auf die Geschwindigkeit durch das Reifentemperaturmodell.

dargestellt. Das dargestellte Teilstück ist ein Ausschnitt der Manöverberechnung für eine komplette Runde. Bei der Kurvenkombination handelt es sich um die Porschekurven[143] in Le Mans in Verbindung mit einer Streckentemperatur von 25 °C. In dieser Kurvenkombination wird durch die hohe Kurvengeschwindigkeit der Effekt der sich erwärmenden Reifen besonders deutlich. Im Vergleich dazu ist das gleiche Reifenmodell ohne Temperatureinfluss dargestellt. Während sich die Geschwindigkeit der beiden Modellbeschreibungen in der ersten Kurve am Scheitelpunkt noch um 4 km/h unterscheidet, ist die Kurvenscheitelpunktgeschwindigkeit in der letzten Kurve nahezu gleich. Die Kurvenscheitelpunktgeschwindigkeit in der letzten Kurve unterscheidet sich um 0,4 km/h.

Dies hat besonderen Einfluss auf die Klassifizierung von Kurven oder Strecken. Je nach durchfahrenen Streckenabschnitten oder Kurvenkombination verändert sich das Verhalten eines Fahrzeugs in der darauf folgenden Kurve. Das bedeutet, dass aufgrund des langsamen transienten Verhaltens des Reifens die Reifenvergangenheit einen Einfluss auf das Fahrzeugverhalten hat. Abbildung 6.5 zeigt den Verlauf von Rundenzeit und Reifentemperatur über mehrere Runden in Silverstone. Die Starttemperatur der Reifen liegt bei 25 °C. Die Streckentemperatur liegt ebenfalls bei 25 °C. Die Rundenzeit fällt um 2,75 s, während die über die Runde gemittelte Innentemperatur von 42,5 °C auf 105,1 °C steigt. Die Oberflächentemperatur steigt im Mittel um 12 °C an. In der verwendeten Modellierung ist das Reifenkraftpotential von der Oberflächentemperatur und nicht von der Innentemperatur abhängig. Trotzdem korrelieren die Rundenzeit und die Oberflächentemperatur mit der Reifeninnentemperatur, obwohl der Temperatureintrag durch eine Kurvenfahrt bereits ausreicht, um die Oberflächentemperatur auf das gewünschte Niveau zu bringen. Dies ist damit zu erklären, dass die Reifenoberfläche auf den geraden Streckenabschnitten durch den thermischen Austausch mit der Straße, der Umgebungsluft und dem Reifeninneren Temperatur verliert. Außerdem entsteht durch die geringere Schräglaufsteifigkeit bei höherer Innentemperatur ein größerer Schräglaufwinkel, woraus ein höherer thermischer Eintrag durch den erhöhten Schlupf resultiert. Um dem Wärmeaustrag entgegenzuwirken, ist es dementsprechend sinnvoll, während der Reifenaufwärmphase durch Lenkbewegung auf den geraden Abschnitten zusätzlichen Wärmeeintrag zu erzeugen.

[143]Kurven 13 bis 16 in Abbildung 5.1.

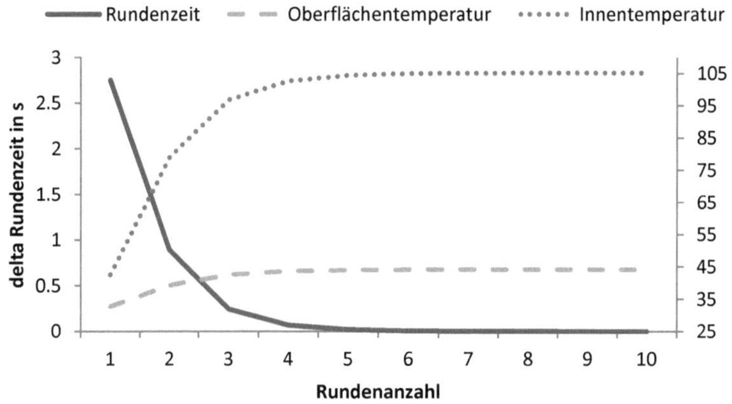

Abbildung 6.5: Verlauf der Rundenzeit, Reifeninnen- und Oberflächentemperatur über zehn Runden auf der Rennstrecke Silverstone bei Starttemperaturen von 25 °C. Die angegebene Temperatur ist für alle vier Reifen über die gesamte Runde gemittelt.

6.1.2 Aerodynamik

Aerodynamischer Abtrieb erhöht die Radlast und damit das maximale Längs- und Querkraftpotential des Reifens. Außerdem wird durch die zusätzliche Vertikalkraft das Schwingungsverhalten des Fahrzeugs sowie das Temperaturniveau der Reifen beeinflusst. Der Luftwiderstand erzeugt eine Kraft in negativer Längsrichtung und wirkt sich somit auf das Beschleunigungsverhalten und die maximal erreichbare Höchstgeschwindigkeit aus.

Abbildung 6.6 stellt die Veränderung der Rundenzeit (RDZ) über Abtriebs- und Luftwiderstandsvariation für die eqs- und die einfache qs-Berechnung dar. Der SI, mit der aktuellen Fahrzeugparametrierung als Arbeitspunkt, beträgt für den Luftwiderstand der eqs-Berechnung 0,074 im Vergleich zu 0,061 bei der qs-Berechnung. Der SI des Abtriebs der erweiterten Simulation ist mit 0,09 leicht größer als der SI der einfachen qs-Berechnung mit 0,0873. Der Unterschied zwischen den beiden Methoden zeigt sich auch in der unterschiedlichen Steigung der Höhenlinien.

Die Steigung der Höhenlinien bzw. das Verhältnis der Sensitivität von Abtrieb und Luftwiderstand, ist ein Maß zur Bewertung der meist konkurrierenden Anforderungen zwischen Reduktion des Luftwiderstands und Erhöhung des Abtriebs im Entwicklungsprozess. Die höchste Effizienz zur Rundenzeitminimierung ergibt sich senkrecht zu den Höhenlinien, wohingegen entlang der Höhenlinie keine Rundenzeitänderung erreicht wird, da sich die Rundenzeitsensitivitäten gegenseitig kompensieren. Für unterschiedliche Strecken oder Fahrzeugparametersätze ergibt sich ein anderer Kompromiss zwischen den Parametern. Dies wird in Abschnitt 6.3 weiter ausgeführt.

Durch eine Verschiebung der aerodynamischen Abtriebsverteilung zwischen Vorder- und Hinterachse wird ein eventuell ungleich verteiltes Kraftpotential zwischen Vorder- und Hinterachse kompensiert. Das Optimum der Abtriebsverteilung liegt daher in dem Bereich, in

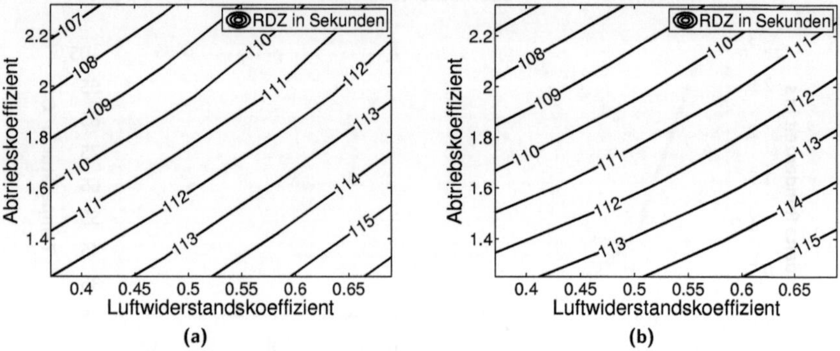

Abbildung 6.6: Rundenzeit (RDZ) in Abhängigkeit vom aerodynamischen Abtriebs- und Luftwiderstandskoeffizienten aus (a) eqs- und (b) qs-Berechnung.

dem das Kraftpotential möglichst ausgeglichen ist. Die Rundenzeitsensitivität um den optimalen Arbeitspunkt ist mit einem SI von 0,0005 klein, wohingegen im weniger optimalen Bereich SI Werte bis 0,0197 erreicht werden. Die Interaktion der aerodynamischen Abtriebsverteilung wird in Abschnitt 6.2 weiter untersucht.

Abbildung 6.7 zeigt den Einfluss des modellierten aerodynamischen Einlaufverhaltens mit Zeitkonstanten von $\tau = 0\,s$ und $\tau = 0{,}2\,s$ auf den Abtriebskoeffizienten an der Vorderachse. Im Vergleich von Abtriebskoeffizienten mit unterschiedlichen Einlaufverhalten sind der Zeitversatz und der glattere Verlauf des transient berechneten Vorderachsabtriebskoeffizienten auffällig. Der Unterschied zwischen den Rundenzeiten beträgt 0,02 s, daher ist auch der sichtbare Einfluss auf das Geschwindigkeitsprofil gering. Wie in Abbildung 6.7 dargestellt, unterscheidet sich der zeitliche Verlauf des Abtriebskoeffizienten zwischen den beiden Zeitkonstanten. Der zeitlich gemittelte aerodynamische Abtrieb unter Querbeschleunigung höher als $0{,}5\,g$ verschiebt sich aber nur um 0,04 %, was den geringen Effekt auf die Rundenzeit erklärt.

Abbildung 6.8 zeigt die Abhängigkeit der Rundenzeit von der statischen Fahrhöhe. Es wird das Verhalten mit höhenabhängigen und mit konstanten Abtriebskoeffizienten dargestellt. Bei konstanten Abtriebskoeffizienten fällt die Rundenzeit bei niedrigerer Fahrhöhe. Da die Fahrhöhe keinen Einfluss auf den aerodynamischen Abtrieb hat, ist der Rundenzeitgewinn zum Teil auf die tiefere Schwerpunkthöhe zurückzuführen (vgl. Kapitel 6.1.3). Bei höhenabhängigen Abtriebskoeffizienten ergibt sich für eine tiefere Hinterachshöhe eine geringe Verbesserung der Rundenzeit, an der Vorderachse wird eine geringere Rundenzeit bei tieferen statischen Fahrhöhen erreicht. Der SI von 0,0255 ist deutlich höher als bei konstanten Abtriebskoeffizienten (0,0045). Dies zeigt die Wichtigkeit der Beschreibung der Aufbaubewegung für eine korrekte Abbildung des aerodynamischen Verhaltens.

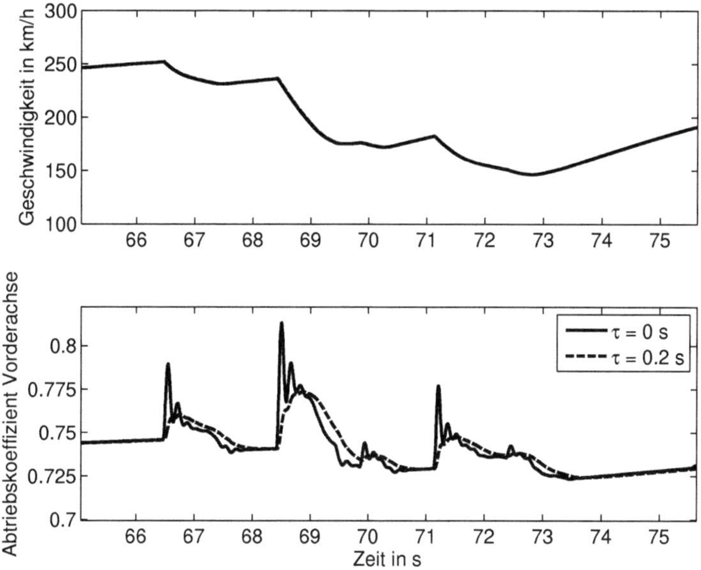

Abbildung 6.7: Einfluss des aerodynamischen Einlaufverhaltens für Kurven 10 bis 13 der Rennstrecke Silverstone.

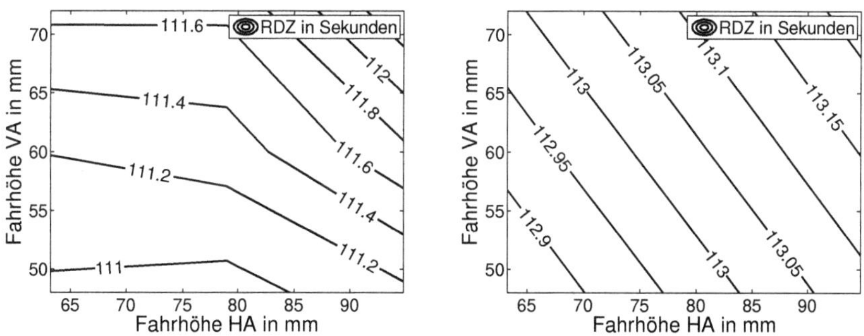

(a) (b)

Abbildung 6.8: Rundenzeit (RDZ) über statischer Fahrhöhe mit höhenabhängigem (a) und höhenunabhängigem (b) aerodynamischen Abtrieb .

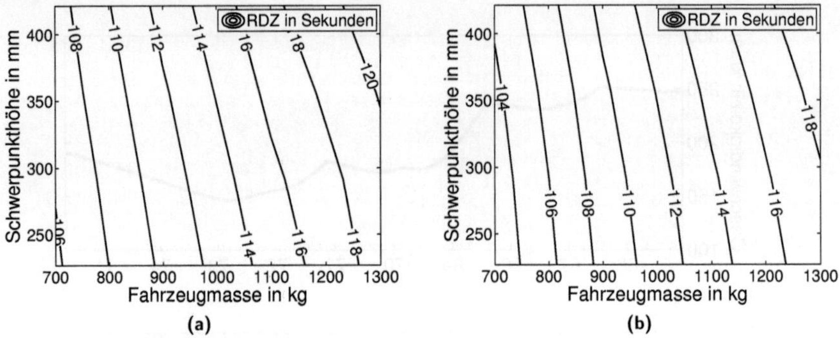

Abbildung 6.9: Rundenzeit (RDZ) in Abhängigkeit von der Masse und Schwerpunkthöhe aus (a) eqs- und (b) qs-Berechnung.

6.1.3 Aufbau und Fahrwerk

Fahrzeugmasse und Massenverteilung

Die Fahrzeugmasse, Massenverteilung und Trägheiten beeinflussen die Aufbaubewegung, die statischen Radlasten sowie die Radlastschwankungen und interagieren daher mit den Reifen durch Beeinflussung der Radlasten sowie mit der Aerodynamik aufgrund des Einflusses auf die Fahrhöhen.

Die Fahrzeugmasse beeinflusst neben dem Reifenkraftpotential das Längsbeschleunigungspotential im durch die Motorleistung limitierten Längsbeschleunigungsbereich. Die Schwerpunkthöhe bestimmt zusammen mit der Fahrzeugmasse und der Spurweite die Höhe der statischen Achslastverschiebung bei Kurvenfahrt. Abbildung 6.9 zeigt den Einfluss der Fahrzeugmasse und Schwerpunkthöhe auf die Rundenzeit für die Rennstrecke Silverstone. Der SI der Fahrzeugmasse beträgt 0,2136 (eqs) und 0,2217 (qs). Der SI der Schwerpunkthöhe ist im Vergleich zur Fahrzeugmasse mit 0,0334 (eqs) und 0,0307 (qs) niedriger. Der nichtlineare Verlauf der Höhenlinien zeigt, dass sich ein hoher Schwerpunkt bei größerer Masse stärker auswirkt. Diese Bewertung unterstützt die technische Entwicklung während der Fahrzeugkonzeptionierung, um den optimalen Kompromiss aus geringer Masse und tiefem Schwerpunkt zu ermitteln.

Die Längsverteilung des Gewichts auf die beiden Achsen verändert die statische Radlast und beeinflusst die Hebelarme der Querkraft der Vorder- und Hinterachse. Da das Querkraftpotential des Fahrzeugs – wie in Kapitel 3 beschrieben – meist durch eine der beiden Achsen begrenzt ist, wird das Gesamtquerkraftpotential durch die Massenverteilung beeinflusst. Die Rundenzeitsensitivität der Massenverteilung ist nichtlinear mit einem Minimum nahe dem ausgeglichenen Querkraftpotential. Im Bereich dieses Minimums liegt der SI bei 0,0004. Zehn Prozent von diesem Bereich entfernt liegt der SI bereits bei 0,0205. Die Interaktion mit der aerodynamischen Abtriebsverteilung, die ebenfalls Einfluss auf die Verteilung des Querkraftpotentials hat, wird in Abschnitt 6.2 untersucht.

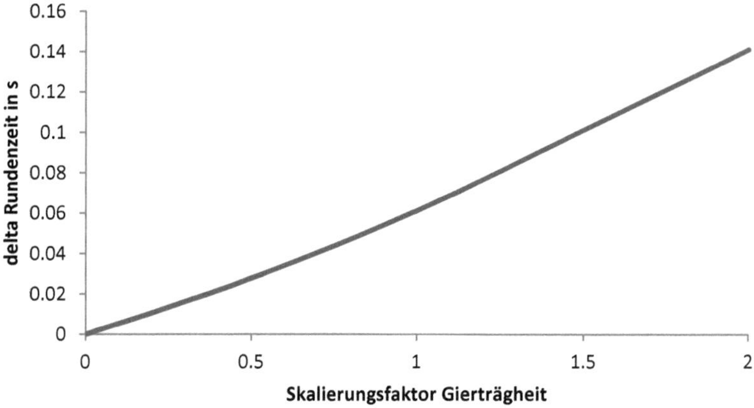

Abbildung 6.10: Rundenzeitveränderung durch den Einfluss unterschiedlicher Gierträgheiten.

Die laterale Gewichtsverteilung hat einen ähnlichen Einfluss auf die Verteilung der Längskräfte wie die longitudinale Schwerpunktposition auf die Querkräfte. Da die Variationsmöglichkeit der lateralen Schwerpunktposition im realen Fahrzeug gering ist, werden diese Effekte nicht untersucht.

Das Gierträgheitsmoment beeinflusst das zur Gierbeschleunigung des Fahrzeugs nötige Giermoment. Die Gierbeschleunigung ist nötig, um den Gierwinkel des Fahrzeugs auf der Sollvorgabe zu halten. Bei einem Fahrzeug, dessen Querkraft an der Vorderachse begrenzt ist und für das aufgrund der Krümmungsvorgabe eine Erhöhung der Giergeschwindigkeit gefordert ist, reduziert sich die Summe der Querkräfte. Dies liegt darin begründet, dass für die zusätzliche Gierbeschleunigung des Fahrzeugs mehr Querkraft an der schon begrenzten Vorderachse benötigt wird. Das bedeutet, um das nötige Giermoment zu stellen, wird die Querkraft der Hinterachse reduziert, wodurch die Gesamtquerkraft sinkt. Weiterhin beeinflusst das Giermoment die Giereigenfrequenz des Fahrzeugs. Es ist nicht möglich, Gierschwingungen mit der Berechnungsmethode zu untersuchen. Der Effekt auf die Rundenzeit aufgrund des erhöhten Giermoments ist in Abbildung 6.10 dargestellt. Der *SI* der Gierträgheit liegt bei 0,001.

Die Roll- und Nickträgheitsmomente wirken sich besonders auf die Geschwindigkeit der Radlastverschiebung und das Schwingungsverhalten aus. Die Rundenzeitsensitivität von Radlastschwankung und Geschwindigkeit der Radlastverschiebung werden im Zusammenhang mit den Schwingungsdämpfern (Kapitel 6.1.3) untersucht. Die Auswirkung der Trägheitsmomente auf das Schwingungsverhalten des Fahrzeugs wird bei Mitschke[144] diskutiert.

[144] Mitschke, *Dynamik der Kraftfahrzeuge* (2004), S. 438-465.

Fahrwerksfedern

Die Fahrwerksfedern erzeugen Kräfte relativ zur Vertikalbewegung zwischen Aufbau und Rad, sie stützen den Aufbau gegenüber den Rädern ab. Sie beeinflussen damit wesentlich die Aufbaubewegung, die Radlastschwankung sowie die Verteilung der Rollmomentabstützung zwischen den beiden Achsen durch die Veränderung der Rollsteifigkeitsverteilung.

Zur Unterscheidung der Effekte zwischen Rollsteifigkeit und Vertikalsteifigkeit werden die Eckfedersteifigkeiten gleich null gesetzt. Stattdessen wird der Aufbau über das dritte Element und den Stabilisator abgestützt. Um den Effekt der Schwingungsdämpfer in der Untersuchung der Federsteifigkeiten zu reduzieren, wird das Dämpfungsmaß konstant gehalten.

Die Radlastschwankung wird über möglichst geringe Federsteifigkeiten minimiert. Es ist jedoch nicht möglich, die Federsteifigkeit beliebig zu reduzieren, da die Federn den Aufbau stützen. Abbildung 6.11 zeigt den Einfluss verschiedener Federhärten des dritten Elements. Um aerodynamische Effekte gesondert zu betrachten, wird sowohl ein fahrhöhenabhängiger als auch ein konstanter Abtriebskoeffizient betrachtet. Beide Untersuchungen werden ohne Bodenunebenheiten durchgeführt, um den Einfluss aus Radlastschwankungen zu reduzieren. Der um den Arbeitspunkt linearisierte *SI* der Federsteifigkeit des dritten Elements mit höhenabhängigem Abtrieb liegt bei 0,001(VA) und 0,0001 (HA), der *SI* bei konstantem Abtrieb liegt vorne und hinten bei 0,0003.

Beim fahrhöhenabhängigen Abtriebskoeffizient ergibt sich ein ähnliches Bild wie bei Untersuchung der Fahrhöhen in Abschnitt 6.1.2. Eine weichere Feder an der Vorderachse reduziert die Rundenzeit, wohingegen eine weichere Feder an der Hinterachse die Rundenzeit weniger stark beeinflusst. Bei konstantem Abtriebskoeffizienten ergibt sich eine geringere Rundenzeit bei weicheren Federn. Dieser geringe positive Effekt ist auf die tiefere dynamische Fahrhöhe zurückzuführen. Die dynamische Fahrhöhe des Fahrzeugs wird reduziert, da durch die gleich bleibende aerodynamische Abtriebskraft bei weichen Federn der Federweg erhöht wird.

Durch den Vergleich der Rundenzeiteinflüsse wird deutlich, dass die Fahrwerksfedern unter Vernachlässigung der Radlastschwankung durch die Anforderung bestimmt werden, das Fahrzeug im optimalen aerodynamischen Abtriebsfenster zu halten. Die Effekte, die aus der Minimierung der Schwerpunkthöhe resultieren, werden dabei überlagert.

Die Rollsteifigkeiten beeinflussen die Verteilung der Abstützung des durch Querkraft verursachten Rollmoments zwischen der Vorder- und Hinterachse. Durch die Radlastdegression des Reifens verursacht eine höhere Differenzradlast zwischen linken und rechtem Reifen eine Reduktion des Kraftpotentials der Achse. Das bedeutet, die Rollsteifigkeitsverteilung beeinflusst wie auch die Abtriebsverteilung und die Gewichtsverteilung das Verhältnis des Querkraftpotentials der beiden Achsen. Die Rundenzeitsensitivität ist stark nichtlinear mit einem *SI* von 0,0002 um den optimalen Punkt. Im weniger optimalen Bereich 30 % vom optimalen Arbeitspunkt entfernt liegt der *SI* bei 0,0304. Die Interaktion mit Gewichts- und Abtriebsverteilung wird in Abschnitt 6.2 untersucht.

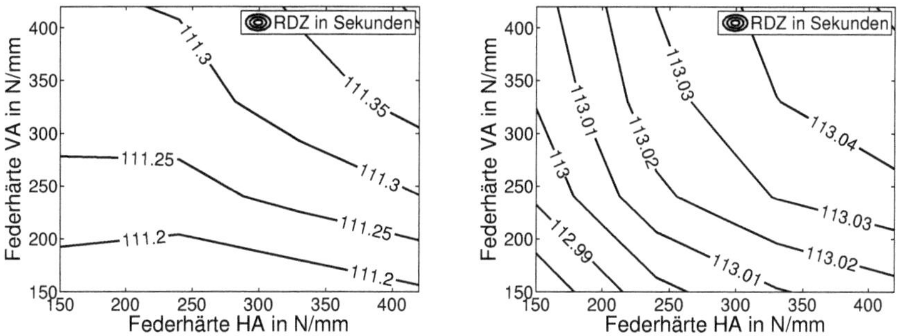

Abbildung 6.11: Rundenzeit (RDZ) in Abhängigkeit von der Fahrwerksfedersteifigkeit der Vorderachse (VA) und Hinterachse (HA) mit fahrhöhenabhängiger (a) und fahrhöhenunabhängiger (b) Aerodynamik.

Weiterhin haben erhöhte Rollsteifigkeiten durch die höhere Federrate einen negativen Effekt auf die Radlastschwankung. Daher wird, um die Rundenzeit zu minimieren, die gewünschte Rollsteifigkeitsverteilung bei möglichst geringer absoluter Rollsteifigkeit erzeugt. Die durch die Rollsteifigkeit beeinflusste Geschwindigkeit des Kraftaufbaus bei Radlastverschiebung wird im nachfolgenden Abschnitt 6.1.3 im Zusammenhang mit dem Rolldämpfer diskutiert.

Schwingungsdämpfer

Die Schwingungsdämpfer des Fahrwerks beeinflussen die Aufbaubewegung und die Radlastschwankungen. Weiterhin wird durch die Dämpfer die dynamische Rollmomentverteilung beeinflusst. Zur Untersuchung der Dämpfer wird das Dämpfungsmaß[145] an allen vier Viertelfahrwerken zugleich skaliert.

Abbildung 6.12 zeigt den Rundenzeiteinfluss sowie die relativen Radlastschwankungen bei Veränderung des Dämpfungsmaßes für eine Fahrbahn mit Fahrbahnunebenheiten. Abbildung 6.13 zeigt dieselbe Parametervariation für eine Fahrbahn ohne Fahrbahnunebenheiten.

Der Rundenzeitunterschied mit Unebenheiten liegt im Bereich des Dämpfungsmaßes von 0,8 bis 1 bei 0,085 s. Der SI bewegt sich bei 0,004. Ohne Unebenheiten sind Rundenzeiteinfluss und relative Radlastschwankung deutlich geringer. Der SI liegt bei 0,0003, die Radlastschwankung liegt unter 4,5 %, anstatt zwischen 13 % und 14 %. Während sich mit Unebenheiten ein Optimum bei einem Dämpfungsmaß von 0,46 einstellt, fällt ohne Fahrbahnunebenheiten die Rundenzeit mit zunehmender Dämpferhärte weiter ab. In beiden Fällen korreliert der Trend der Rundenzeit mit dem Trend der relativen Radlastschwankung.

[145]Das Dämpfungsmaß wird in Abschnitt 4.2.4 erläutert.

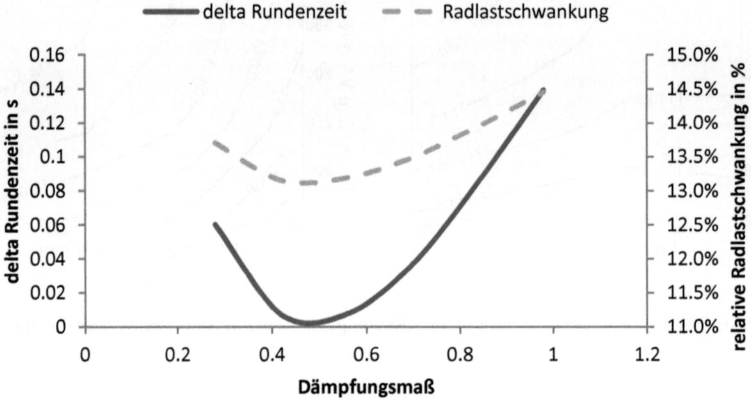

Abbildung 6.12: Einfluss auf Rundenzeit und relative Radlastschwankung durch Veränderung des Dämpfungsmaßes. Die Fahrbahn ist **mit** Unebenheiten modelliert.

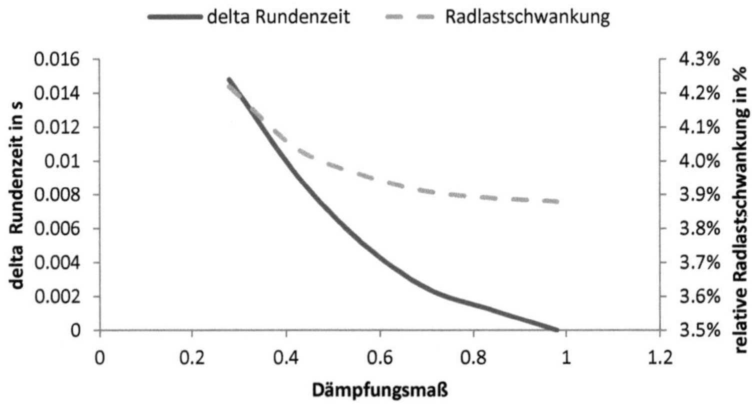

Abbildung 6.13: Einfluss auf Rundenzeit und relative Radlastschwankung durch Veränderung des Dämpfungsmaßes. Die Fahrbahn ist **ohne** Unebenheiten modelliert.

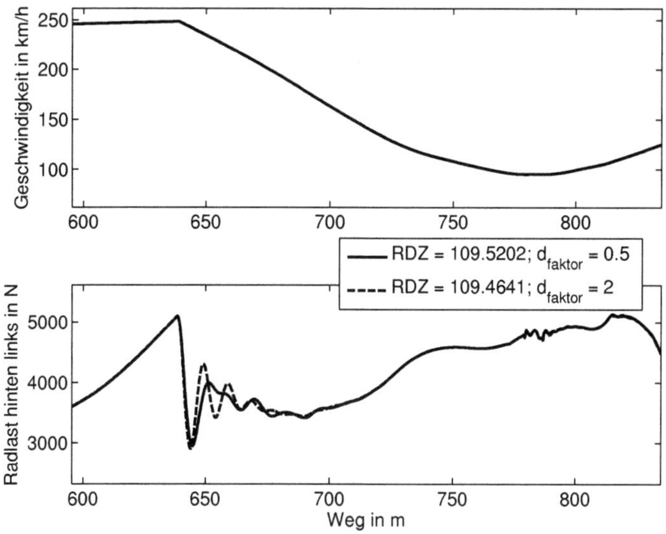

Abbildung 6.14: Auswirkung des Dämpfungskoeffizienten auf die Radlast und Geschwindigkeit ohne Fahrbahnunebenheiten für die Kurve 3 der Rennstrecke Silverstone.

Um zu überprüfen, ob der Rundenzeiteinfluss der Schwingungsdämpfer durch die Minimierung der Radlastschwankung dominiert ist, werden die Rundenzeiteinflüsse durch Beeinflussung von Aufbaubewegung und Verschiebung der Rollmomentverteilung genauer untersucht. Dazu wird der Einfluss in Nick- und Rollbewegung getrennt betrachtet. Dies ist über die entkoppelte Modellierung der Dämpfer als drittes Element und Rolldämpfer möglich.

In Abbildung 6.14 ist der Geschwindigkeitsverlauf und die Radlastschwankung für einen Kurvenabschnitt von Silverstone ohne Fahrbahnunebenheiten für zwei verschiedene Dämpfungskoeffizienten des dritten Elements angegeben. Der Faktor d_{faktor} skaliert die Basisdämpfung linear nach $\underline{d_{mid}} = d_{faktor}\, d_{mid}$. Trotz des vierfachen Dämpfungskoeffizienten ist der Unterschied in der Radlastschwankung nur beim Anbremsen zu erkennen. In der Geschwindigkeitstrajektorie ist kein Unterschied zu sehen, was sich auch im Rundenzeiteinfluss von 0,08 s widerspiegelt[146]. Der Effekt durch eine bessere Stabilisierung des Aufbaus und den damit verbundenen, unterschiedlichen aerodynamischen Abtrieb ist im Vergleich zum Einfluss der Radlastschwankung gering.

Um den Effekt der Radlastverschiebung zu untersuchen, wird ein Rolldämpfer an der Vorderachse verwendet, der wie der Stabilisator nur bei gegenseitiger Radbewegung wirkt, aber im Gegensatz zum Stabilisator relativ zur Geschwindigkeit Kraft erzeugt. Der Rolldämpfer

[146]Ein Rundenzeitunterschied von 0,08 s erzeugt bei einer Durchschnittsgeschwindigkeit von 200 km/h und einer Rundenzeit von 110 s ein mittleren Geschwindigkeitsunterschied von 200 km/h · 0,08/110 = 0,1455 km/h.

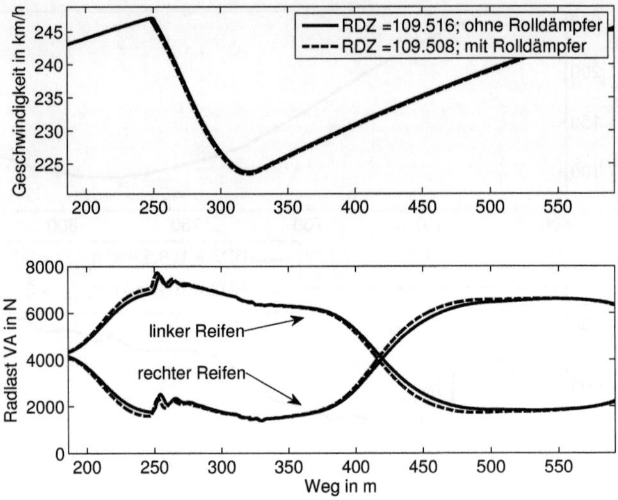

Abbildung 6.15: Auswirkung eines Rolldämpfers auf Radlast der Vorderachse und die Fahrzeuggeschwindigkeit ohne Fahrbahnunebenheiten für die Kurve 1 der Rennstrecke Silverstone.

wirkt nicht beim beidseitigen Einfedern und hat so beim Anbremsen auf der Geraden keinen Einfluss. Abbildung 6.15 zeigt den Einfluss eines Rolldämpfers auf Geschwindigkeit und Radlasten mit einem im Vergleich zur Dämpfung des dritten Elements um den Faktor zehn höheren Dämpfungskoeffizienten für einen Kurvenabschnitt von Silverstone mit deaktivierten Fahrbahnunebenheiten. Der Lasttransfer erfolgt schneller durch die erhöhte Rolldämpfung. Dies ist am Überschneidungspunkt der Radlasten zwischen 410 m und 430 m Wegstrecke zu erkennen. Bei aktiver Rolldämpfung verschiebt sich der Überschneidungspunkt um 4 m. Der Einfluss auf den mittleren Kurvenbereich ist hingegen geringer. In der hier gezeigten Kurve beträgt der Geschwindigkeitsunterschied 0,4 km/h im Bereich des Scheitelpunkts, hochgerechnet auf die gesamte Runde bedeutet das ein Rundenzeitdelta von 0,2750 s, was aber aufgrund der unterschiedlichen Auswirkungen in den verschiedenen Kurven nicht umgesetzt wird. Der tatsächliche Rundenzeitunterschied beträgt 0,008 s. Der *SI* von 10^{-5} ist aufgrund der hohen Parametervariation und den sich kurvenweise kompensierenden Effekten sehr gering.

Die zeitlich gemittelte Rollmomentverteilung ändert sich um 1 %. Die zeitlich gemittelte Querbeschleunigung erhöht sich um 0,01 %. Die Längsbeschleunigung bleibt unverändert. Die im Vergleich zur Erhöhung des Dämpfungskoeffizienten geringe Auswirkung ist hauptsächlich auf die niedrige Rollbewegung ($\max(|\varphi_{A_x}|) \leq 1{,}5\,°$) und die damit verbundene geringe Geschwindigkeit zurückzuführen. Bei reduzierter Rollsteifigkeit ist der Effekt deutlich höher, da sich die Amplitude des Rollwinkels erhöht und damit die Rollwinkelgeschwindigkeit. Bei rollweicheren Fahrzeugen wird die Radlastverschiebung bis in den Bereich des Scheitelpunkts um über 3 % beeinflusst.

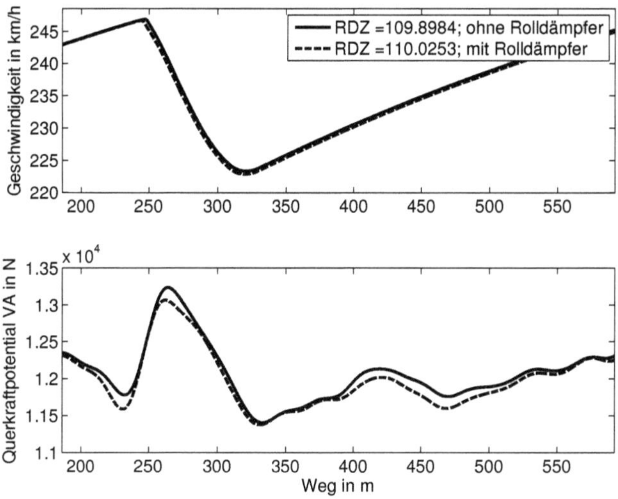

Abbildung 6.16: Auswirkung eines Rolldämpfers auf das Querkraftpotential der Vorderachse und die Fahrzeuggeschwindigkeit mit Fahrbahnunebenheiten für die Kurve 1 der Rennstrecke Silverstone.

Abbildung 6.16 zeigt den Einfluss der Rolldämpfung auf denselben Kurvenabschnitt mit Fahrbahnunebenheiten. In der Abbildung 6.16 ist ebenfalls das gemittelte Querkraftpotential der Vorderreifen angegeben, um zu überprüfen, wie sich der Rolldämpfer in Kombination mit Unebenheiten auswirkt. Der Rolldämpfer erhöht die relative Radlastschwankung, gemittelt für die gesamte Runden, um 1,6 %, wodurch sich die Rundenzeit verschlechtert und ein eventuell positiver Effekt kompensiert wird. Die Scheitelpunktgeschwindigkeit wird um weitere 0,3 km/h langsamer, für die gezeigte Kurve. Die erhöhte Radlastschwankung wirkt sich in jeder Kurve negativ aus. Daher ist die Beeinflussung der Rundenzeit, im Vergleich zur vorherigen Untersuchung ohne Fahrbahnunebenheiten deutlicher ausgeprägt.

Das bedeutet, der Effekt einer unterschiedlichen Radlastgeschwindigkeit ist rechnerisch vorhanden und es ist möglich, ihn positiv zu nutzen. Neben den Dämpfern haben noch andere Komponenten des Fahrzeugs wie Kinematik, Federsteifigkeit und Fahrzeugträgheiten Einfluss auf die Geschwindigkeit des Radlasttransfers.

6.1.4 Längsdynamik

Die maximale Motorleistung und Bremskraft begrenzt die zur Verfügung stehende Kraft am Reifen in Längsrichtung, sobald der maximale Kraftschluss des Reifens höher ist als die zur Verfügung stehende Stellkraft.

Abbildung 6.17 zeigt die Rundenzeitsensitivität der Leistung und der Masse, da die Masse ebenfalls einen Einfluss im leistungsbegrenzten Längsbeschleunigungsbereich hat. Die

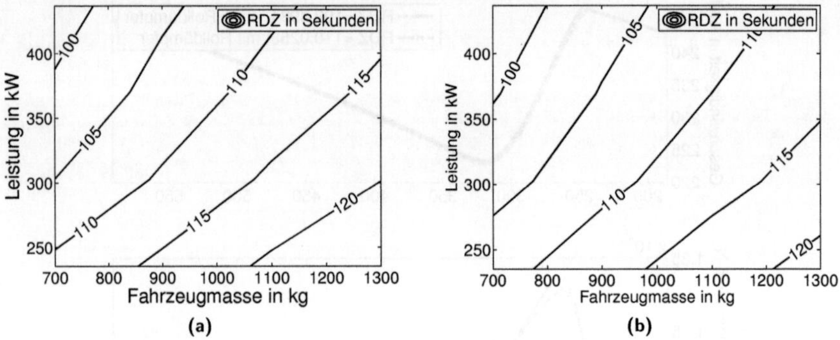

Abbildung 6.17: Rundenzeit (RDZ) in Abhängigkeit von der Leistung und Fahrzeugmasse aus (a) eqs- und (b) qs-Berechnung.

Rundenzeitsensitivität ist für die Strecke Silverstone für eqs- und qs-Berechnung im Vergleich angegeben. Der *SI* der Masse beträgt 0,2136 (eqs) im Vergleich zu 0,2217 (qs), wie schon im Kapitel 6.1.3 gezeigt. Die Leistung hat einen leicht unterschiedlichen *SI* zwischen den beiden Methoden von 0,156 (eqs) gegenüber 0,1459 (qs). Bei höherer Masse fällt die Rundenzeitsensitivität der Leistung ab.

Die Variation der Zeitkonstante des modellierten Motoreinlaufverhaltens ist in Abbildung 6.18 (a) dargestellt. Mit höheren Zeitkonstanten steigt auch der *SI* von 0,002 auf 0,0025 an. Bei $\tau = 0\,s$ wird der *SI* nicht bewertet. Abbildung 6.18 (b) zeigt das Verhalten der Zeitkonstante im modellierten Bremseinlauf. Der *SI* des Bremseinlaufs ist bei kleinen Werten leicht geringer als der *SI* der Längsdynamik und steigt dann stärker an. Die Werte des *SI* verändern sich von 0,001 zu 0,0028, wobei ebenfalls kein *SI* bei $\tau = 0\,s$ gebildet wird.

Die Sensitivität der beiden Größen ist ähnlich, obwohl die Auswirkung der beiden Einlaufmodelle unterschiedlich ist. Die zeitliche Verzögerung der Längsdynamik wirkt sich im Bereich des Scheitelpunktes und bei den Schaltvorgängen aus. Der Bremseinlauf wirkt sich am Bremsbeginn auf die maximal zu Verfügung stehende Bremskraft aus. Bei beiden Modellierungen handelt es sich um eine Ersatzbeschreibung, um die Auswirkung von transientem Ansprechverhalten in Längsrichtung zu untersuchen. Dementsprechend ist die Modellierung, wie in Abschnitt 4.2.6 beschrieben, nur eine indirekte Abbildung des Fahrzeugverhaltens. Im Vergleich zu den anderen untersuchten Effekten, wie Reifentemperatur oder Radlastschwankung, ist die Auswirkung der hier untersuchten Längsdynamik geringer.

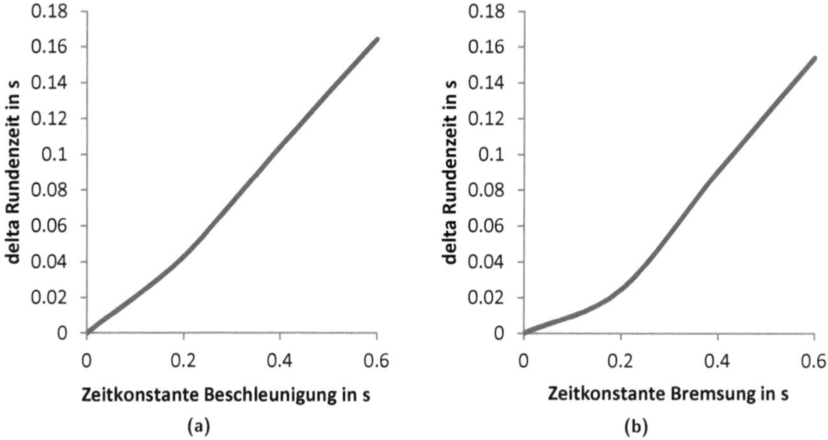

Abbildung 6.18: Rundenzeit in Abhängigkeit von der Zeitkonstante τ des Einlaufverhaltens des Beschleunigungs- (a) und Bremsmodells (b).

6.2 Interaktion von Massen-, Abtriebs- und Rollsteifigkeitsverteilung

Aus der Untersuchung der verschiedenen Bereiche der Modellierung ergibt sich, dass Rundenzeitverläufe der Massen-, Abtriebs- und Rollsteifigkeitsuntersuchung nichtlineares Verhalten in Kombination mit einem lokalen Minimum aufweisen. Durch die Untersuchung des Parameterraums wird die Annahme des vorherigen Abschnitts 5.3.3 überprüft, wonach ein optimaler Bereich identifizierbar ist, in dem sich die Rundenzeiten nur wenig ändern.

Das für beide Reifen kumulierte Kraftpotential der Vorder- und Hinterachse wird von aerodynamischer Abtriebs-, Gewichts- und Rollsteifigkeitsverteilung mit vergleichbarer Sensitivität beeinflusst, wie in den vorherigen Kapiteln 6.1.2, 6.1.3 und 6.1.3 beschrieben. Um die Interaktion von Abtriebs-, Gewichts- und Rollsteifigkeitsverteilung zu veranschaulichen, werden je zwei der Verteilungen gegeneinander aufgetragen. Abbildung 6.19 vergleicht die Sensitivität für das vollständige transiente Modell mit einer Modellbeschreibung, bei der die Fahrbahnunebenheiten und das transiente Reifenverhalten deaktiviert sind, um den Einfluss von transientem Reifenmodell und Vertikaldynamik zu untersuchen. Damit verhält sich die zweite reduzierte Modellbeschreibung ähnlich zur quasistatischen Simulation, nur die Aufbaubewegung wird weiterhin transient berechnet. Der Reibungskoeffizient der reduzierten Lösung wird dabei so angepasst, dass die absoluten Rundenzeiten auf vergleichbarem Niveau liegen.

In Abbildung 6.19 (a) und (b) ist der Einfluss von Gewichtsverteilung und aerodynamischer Abtriebsverteilung dargestellt. Die Rollsteifigkeitsverteilung wird bei 50 % festgelegt. Beide Modellierungsebenen haben ein ausgeprägtes Optimum, das aber voneinander abweicht.

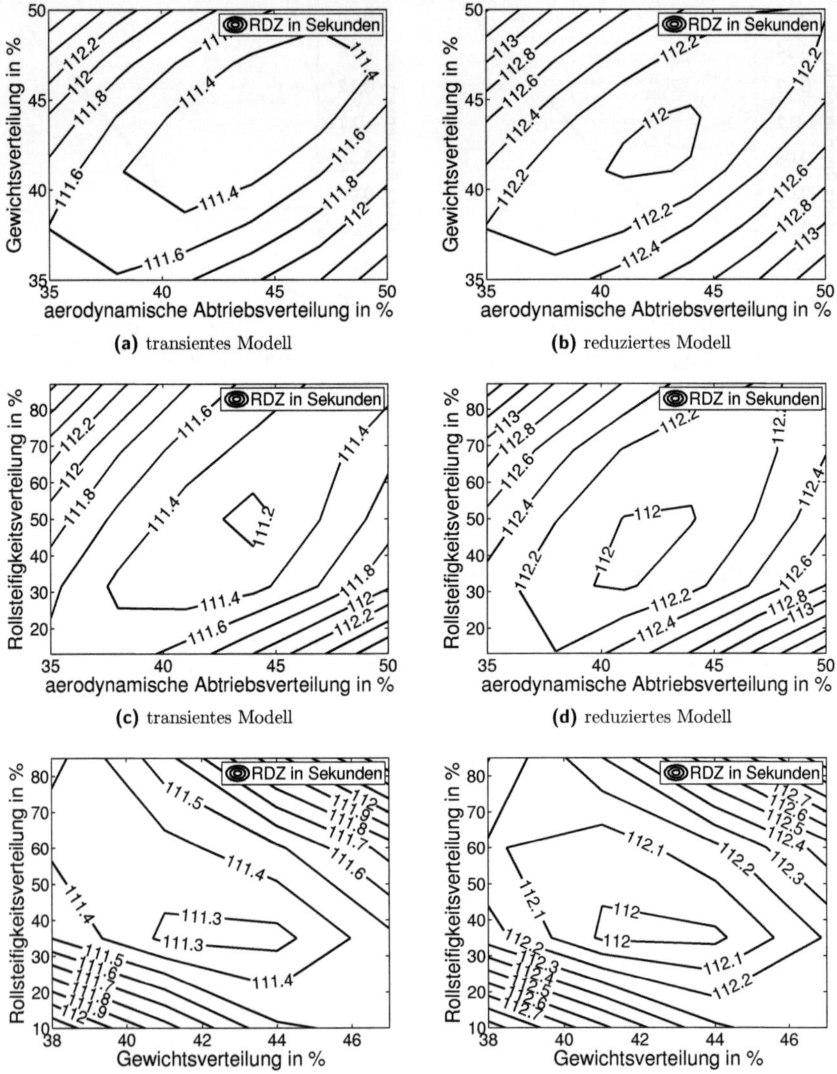

(a) transientes Modell
(b) reduziertes Modell
(c) transientes Modell
(d) reduziertes Modell
(e) transientes Modell
(f) reduziertes Modell

Abbildung 6.19: Rundenzeit (RDZ) in Abhängigkeit von der Abtriebs-, Gewichts- und Rollsteifigkeitsverteilung aus (a,c,e) eqs- und (b,d,f) qs-Berechnung.

Das Optimum der volltransienten Lösung liegt bei 44% Gewichtsverteilung und 44 % Abtriebsverteilung, das Optimum der reduzierten Lösung liegt bei 42,5 % Gewichtsverteilung und 43 % Abtriebsverteilung.

In Abbildung 6.19 (c) und (d) ist der Einfluss von Rollsteifigkeits- und Abtriebsverteilung dargestellt. Die Gewichtsverteilung ist mit 44 % konstant. Das Optimum der transienten Lösung liegt bei Abtriebsverteilung 44 % und Rollsteifigkeitsverteilung bei 50 % gegenüber 42 % Abtriebsverteilung und 41,5 % Rollsteifigkeitsverteilung bei dem reduzierten Modell.

Der Rundenzeiteinfluss von Rollsteifigkeits- und Gewichtsverteilung ist in Abbildung 6.19 (e) und (f) dargestellt. Die Verteilung der aerodynamischen Abtriebskraft liegt konstant bei 44 %. Das Optimum der transienten Lösung liegt bei 42,5 % Gewichtsverteilung gegenüber 42 % bei dem reduzierten Modell und Rollsteifigkeitsverteilung von 38 % im transienten Modell gegenüber 36 % beim reduzierten Modell.

Die auf die Rundenzeit des transienten Modells bezogene Abweichung der zeitminimalen Parametrierung zwischen transientem und reduziertem Modell liegt damit zwischen 1 % und 13 %.

Als optimal wird hier der durch die Höhenlinie mit der geringsten Rundenzeit umfasste Bereich bezeichnet. Alle Verteilungen weisen einen optimalen Bereich auf, in dem die Rundenzeit bis zum absoluten Optimum weiter fällt, aber nicht mehr mit demselben Gradienten wie in den weniger optimalen Randbereichen. Innerhalb des optimalen Bereichs fällt die Rundenzeit um weniger als 0,2 s. Außerhalb dieses Bereichs betragen die Rundenzeitunterschiede bis zu 1 s. Die optimalen Bereiche der untersuchten Größen beeinflussen sich gegenseitig. Eine nach vorne verschobene Abtriebsverteilung wird durch eine ebenfalls nach vorne verschobene Gewichts- oder Rollsteifigkeitsverteilung teilweise kompensiert.

Der optimale Bereich der beiden Modellierungen ist miteinander vergleichbar. Er bewegt sich zwischen 40 % und 45 % für Gewichts- und Abtriebsverteilung. Der optimale Bereich für die Rollsteifigkeitsverteilung liegt zwischen 30 % und 50 %. Das bedeutet, beide Modellierungen sind geeignet, um den optimalen Bereich grob zu identifizieren, auch wenn sich das absolute Optimum leicht unterscheidet. Gleichzeitig zeigt sich der Mehrwert der transienten Modellierung, für Untersuchungen mit höherer Genauigkeit, durch den Unterschied der Lage des Optimums im Parameterraum.

Da im Folgenden die Verschiebung des optimalen Bereichs untersucht wird, ist eine der 2D-Verteilungen zur Veranschaulichung ausreichend. Aufgrund des kleineren optimalen Bereichs und der leicht höheren Sensitivität wird die Darstellung der Abtriebs- gegenüber der Gewichtsverteilung, vergleichbar mit Abbildung 6.19 (a), für die weitere Untersuchung verwendet.

Wie bereits beschrieben, beeinflussen Abtriebs-, Gewichts- und Rollsteifigkeitsverteilung die Verteilung des Kraftpotentials zwischen den beiden Achsen. Daher wird untersucht, wie sich eine Verschiebung des tatsächlichen Reifenkraftpotentials des Reifens auf die Lage des optimalen Bereichs auswirkt. Abbildung 6.20 zeigt den Kompromiss zwischen Abtriebs- und Gewichtsverteilung bei einer Verschiebung des Reifenkraftpotentials um 5 %. Bei einer Verschiebung des Reifenkraftpotentials um 5 % nach vorne ergibt sich ein Optimum von 45 % Gewichtsverteilung und 42 % Abtriebsverteilung. Zur Verschiebung wird der vordere

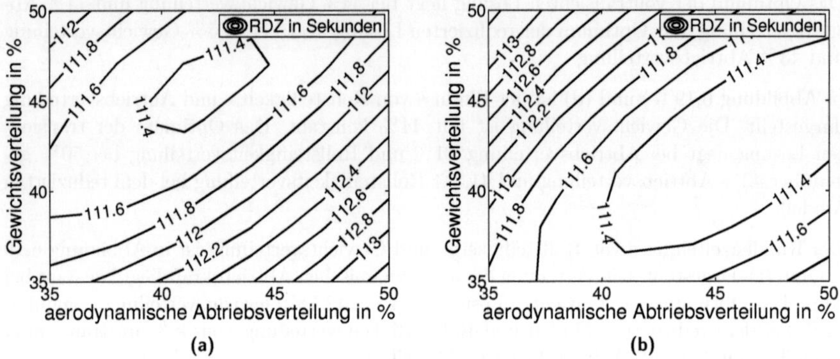

Abbildung 6.20: Rundenzeit (RDZ) in Abhängigkeit von der Abtriebs- und Gewichtsverteilung bei Verschiebung des Reibungskoeffizienten des Reifens um 5 % nach vorne (a) und 5 % nach hinten (b).

Reifenreibungskoeffizient um 2,5 % erhöht und der hintere Reifenreibungskoeffizient um 2,5 % reduziert.

Die Lage des optimalen Bereichs im Parameterraum bei einer 5 % Verschiebung des Reifenkraftpotentials nach hinten liegt bei 42 % Gewichtsverteilung und 47,5 % Abtriebsverteilung. Zur Verschiebung des Reifenkraftpotentials wird der vordere Reifenreibungskoeffizient um 2,5 % reduziert und der hintere Reifenreibungskoeffizient um 2,5 % erhöht.

Die absolute Rundenzeit der beiden Untersuchungen ist vergleichbar (ΔRDZ $\leq$ 0,05 s). Die Lage des Optimums im Parameterraum der Parametrierung unterscheidet sich um mehr als 6 %. Dies zeigt den hohen Einfluss des Reifens auf die Lage des optimalen Bereichs.

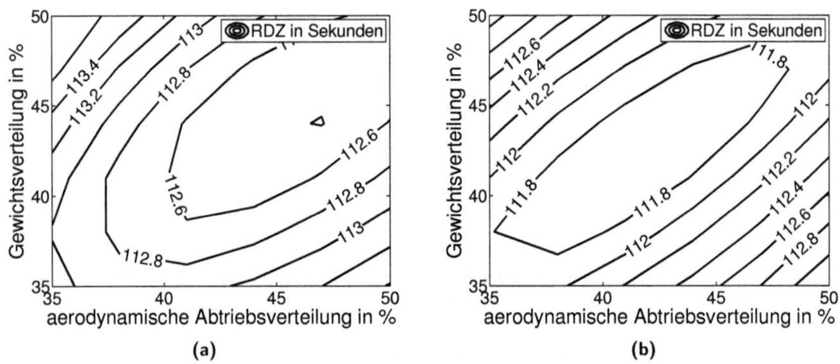

Abbildung 6.21: Rundenzeit (RDZ) in Abhängigkeit von der Abtriebs- und Gewichtsverteilung bei einer Streckentemperatur von 20 °C (a) und von 50 °C (b).

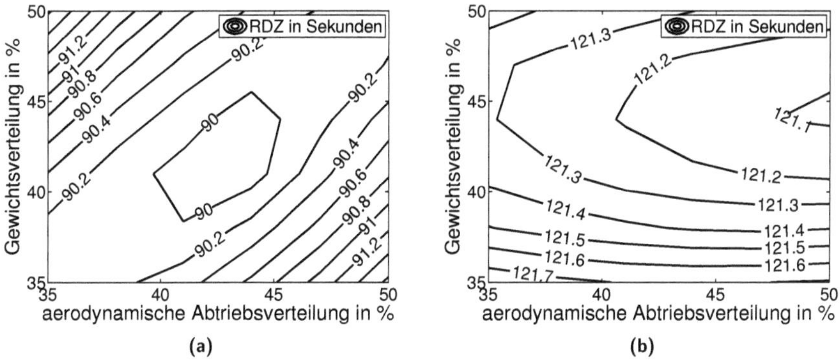

Abbildung 6.22: Rundenzeit (RDZ) in Abhängigkeit von der Abtriebs- und Gewichtsverteilung mit den Basisparametern eines Fahrzeugs der Formel 1-Kategorie (a) und der GT-Kategorie (b).

Die Beeinflussung des optimalen Bereichs durch die Reifenpotentialverteilung weist darauf hin, dass die Sensitivität aus den das Reifenpotential beeinflussenden Parametern nicht ausschließlich aus einer reinen Reduzierung des Reibungskoeffizienten resultiert, sondern ebenfalls aus einer Verschiebung des optimalen Bereichs. Dies wird exemplarisch überprüft, indem der Einfluss der Reifentemperatur über eine Variation der Streckentemperatur untersucht wird. Abbildung 6.21 zeigt die Rundenzeitsensitivitäten für Abtriebs- und Gewichtsverteilung für eine Streckentemperatur von 20 °C und 50 °C in Silverstone. Bei einer Streckentemperatur von 20 °C liegt das Gewichtverteilungsoptimum bei 44 % und das Optimum der Abtriebsverteilung bei 46,5 %. Bei der Streckentemperatur von 50 °C liegt das Gewichtsoptimum bei 43 % und das Abtriebsoptimum bei 42,5 %. Das bedeutet, neben dem reinen Kraftpotentialverlust wirkt sich ebenfalls die Verschiebung des optimalen Bereichs auf die Rundenzeit aus, wenn die Verteilungen nicht angepasst werden. Die Auswirkung ist aber aufgrund der Flachheit des Optimums nicht stark ausgeprägt.

Nachdem der Einfluss durch direkte Einflussfaktoren auf das Reifenkraftpotential exemplarisch untersucht ist, wird überprüft, ob sich bei geänderten Basisparametern bei gleich bleibender Reifenmodellierung durch die indirekte Beeinflussung des Reifenpotentials ebenfalls ein anderer optimaler Arbeitsbereich für die Abtriebs- und Gewichtsverteilung ergibt. Hierzu wird das exemplarische Formel 1-Fahrzeug mit dem exemplarischen GT-Fahrzeug verglichen. In Abbildung 6.22 ist der Einfluss auf den optimalen Bereich durch diese zwei Basisparametersätze dargestellt. Für das Formel 1-Fahrzeug ergibt sich eine zeitminimale Gewichtsverteilung von 41,5 % und Abtriebsverteilung von 43 %, für das GT-Fahrzeug liegt die optimale Gewichtsverteilung bei 44,5 % und die Abtriebsverteilung bei 50,5 %. Aufgrund des hohen Rundenzeiteinflusses der Basisparameter weicht die absolute minimale Rundenzeit der beiden Parametersätze deutlich, mit Unterschieden von 25 %, ab.

Durch die Formel 1-Parametrierung verschiebt sich der optimale Bereich im Vergleich zum LMP-Fahrzeug aus Abbildung 6.19 (a) in die Richtung niedrigerer Massen- und Abtriebsverteilung, d. h. mehr statische und aerodynamische Last auf der Hinterachse. Der optimale

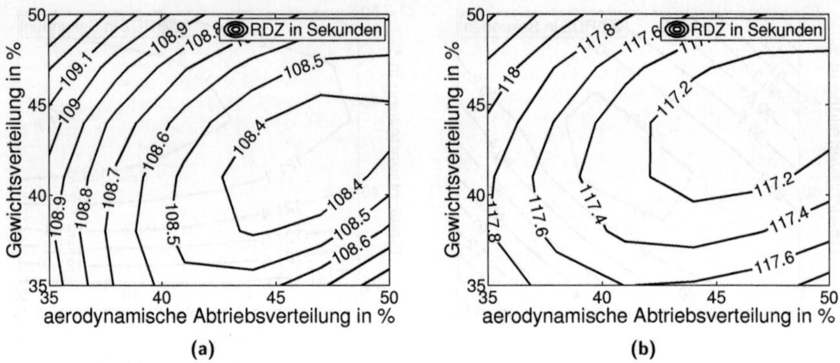

Abbildung 6.23: Rundenzeit (RDZ) in Abhängigkeit von der Abtriebs- und Gewichtsverteilung für die Strecken Sebring (a) und Shanghai (b).

Arbeitsbereich des GT-Fahrzeuges liegt hingegen eher bei leicht höheren Werten für Gewichtsverteilung und bei deutlich höheren Werten für die Abtriebsverteilung. Weiterhin zeigt die Abbildung für das GT-Fahrzeug durch den nahezu horizontalen Verlauf der zeitminimalen Gewichtsverteilung bei festgelegter Abtriebsverteilung, dass das Optimum der Gewichtsverteilung von der Abtriebsverteilung nur gering beeinflusst wird.

Das GT-Fahrzeug weist aufgrund des geringen Abtriebskoeffizienten eine geringe Interaktion zwischen Abtriebs- und Gewichtsverteilung auf. Durch die Untersuchung der beiden unterschiedlichen Fahrzeugbasisparametrierungen wird die Interaktion zwischen Fahrzeugparametern und optimalem Arbeitsbereich verdeutlicht, obwohl es keinen direkten Zusammenhang zwischen den veränderten Basisparametern und dem Verhältnis des Kraftpotentials zwischen Vorderachse und Hinterachse gibt. Dies bedeutet, auch der indirekte Einfluss durch z. B. unterschiedliche Reifentemperatur, Beeinflussung des Schwingungsverhaltens oder die unterschiedlichen Geschwindigkeitstrajektorien haben einen mit den bereits durchgeführten Untersuchungen vergleichbaren Einfluss auf den optimalen Arbeitsbereich.

Nachdem der Einfluss der Fahrzeugparametrisierung bekannt ist, wird die Sensitivität verschiedener Strecken exemplarisch betrachtet. Dazu wird in Abbildung 6.23 der Einfluss auf den Arbeitsbereich von Abtriebs- und Gewichtsverteilung durch zwei unterschiedliche Rennstrecken gezeigt, in diesem Fall Sebring und Shanghai. Während das Optimum von Sebring bei 42 % Gewichtsverteilung und 46 % Abtriebsverteilung liegt, liegt das Optimum von Shanghai bei 44 % Gewichtsverteilung und 47 % Abtriebsverteilung. Bei beiden Strecken ist der optimale Arbeitsbereich nochmals im Vergleich zum Optimum der Rennstrecke Silverstone aus Abbildung 6.19 (a) verschoben. Das bedeutet, dass der optimale Arbeitsbereich der Abtriebs- und Gewichtsverteilung auch durch die Kurvenfolge und Kurvengeschwindigkeiten der jeweiligen Strecke beeinflusst wird.

Zusammenfassend wird durch die Untersuchung in diesem Abschnitt die Interaktion der Abtriebs-, Gewichts- und Rollsteifigkeitsverteilung untereinander sowie mit anderen Fahrzeugparametrierungen deutlich. Jede Veränderung des Systems, sobald sie sich auf das

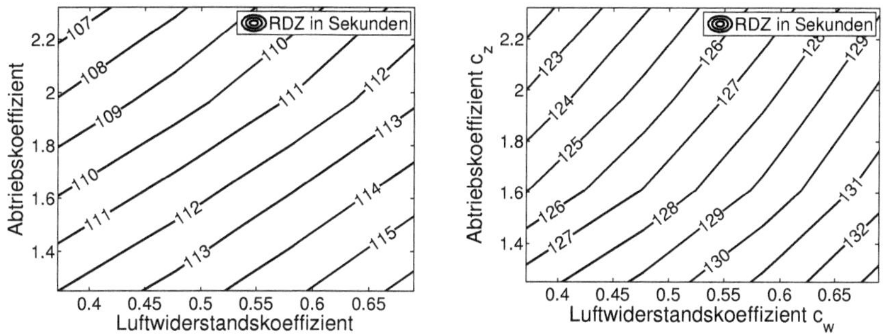

(a) (b)

Abbildung 6.24: Rundenzeit (RDZ) in Abhängigkeit von aerodynamischen Abtriebs- und Luftwiderstandskoeffizienten für die Rennstrecken Silverstone (a) und Spa (b).

maximale Beschleunigungspotential auswirkt, führt zu Änderungen in weiteren Parametern, um die Rundenzeit weiterhin im Minimum zu halten.

Da die Basisverteilung des Reifenkraftpotentials durch die Eigenschaften des Reifens vorgegeben ist, werden die optimale Gewichts-, Abtriebs- Rollsteifigkeitsverteilung stark vom Reifen bestimmt.

Da alle drei Verteilungen, obwohl sie in ihrer Wirkweise sehr unterschiedlich sind, das Kraftpotential und damit die Rundenzeit in einem vergleichbaren Maß beeinflussen, ist es über die hier durchgeführte Untersuchung nicht möglich, eine dominierende Größe herauszuarbeiten.

6.3 Streckenabhängige Fahrzeugparametrierung

Der Einfluss der verschiedenen Strecken auf die um die Schwerpunkthöhe ergänzten Basisparametersensitivitäten des Fahrzeugs wird exemplarisch für ausgewählte Strecken untersucht und anschließend für alle Rennstrecken der Langstreckenweltmeisterschaft linearisiert betrachtet. Der Reifenreibungskoeffizient wird nicht betrachtet, da aufgrund des meist vorab festgelegten Reifens wenig Einfluss im Entwicklungsprozess möglich ist.

In den im vorherigen Kapitel vorgestellten Beispielen sind immer zwei Verteilungen gegeneinander aufgetragen. Das Optimum wird aber durch alle drei Verteilungen beeinflusst. Daher wird in diesem Kapitel die zeitminimale Parametrierung für alle Strecken inklusive einer Optimierung des Reifenkraftpotentials durchgeführt. Diese Untersuchungen dienen der Veranschaulichung der Streckeneinflüsse, um den Wert der Vorhersage der optimalen Parameter des vorherigen Kapitels 5 zu bestätigen, da bei einem geringen Streckeneinfluss die Vorhersage einen deutlich geringeren Anspruch an die Methode stellt.

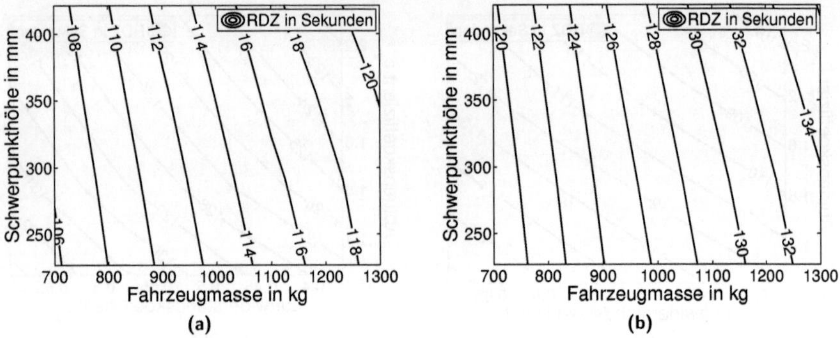

Abbildung 6.25: Rundenzeit (RDZ) in Abhängigkeit von Schwerpunkthöhe und Fahrzeugmasse für die Rennstrecken Silverstone (a) und Spa (b).

Abbildung 6.24 zeigt die Veränderung der Rundenzeit über Abtriebs- und Luftwiderstandsvariation für die Rennstrecken Silverstone und Spa. Der linearisierte SI mit der aktuellen Fahrzeugparametrierung als Arbeitspunkt beträgt für den Luftwiderstand auf der Rennstrecke Silverstone 0,074 im Vergleich zu 0,095 auf der Rennstrecke Spa, wohingegen der SI des Abtriebs für Silverstone mit 0,09 größer ist als der SI für Spa mit 0,066. Der Unterschied zwischen den beiden Strecken zeigt sich auch in der unterschiedlichen Steigung der Höhenlinien. Durch den höheren Geradenanteil in Spa wird eine höhere Rundenzeitsensitivität durch Reduzierung des Luftwiderstands erwartet, da sich der Luftwiderstand aufgrund der quadratischen Abhängigkeit von der Geschwindigkeit bei hohen Geschwindigkeiten am Ende der Geraden deutlicher auf die Rundenzeit auswirkt.

Abbildung 6.25 zeigt den Einfluss der Fahrzeugmasse und Schwerpunkthöhe auf die Rundenzeit für die Rennstrecken Silverstone und Spa. Der SI der Fahrzeugmasse beträgt 0,2136 (Silverstone) und 0,2012 (Spa). Der SI der Schwerpunkthöhe ist mit 0,0334 (Silverstone) und 0,0258 (Spa) niedriger. Wie schon bei der Aerodynamik ergeben sich unterschiedliche Sensitivitäten für die beiden Strecken, wobei der auf den SI von Silverstone normierte Unterschied bei der Masse (-6 %) nicht so groß ist wie bei der Schwerpunkthöhe (-23 %).

Abbildung 6.26 zeigt die Rundenzeitsensitivität der Leistung und der Masse, da die Masse ebenfalls einen Einfluss im leistungsbegrenzten Längsbeschleunigungsbereich hat. Die Rundenzeitsensitivität ist für die Strecken Spa und Shanghai im Vergleich angegeben. Während Spa nach Le Mans den höchsten Geradenanteil hat, gibt es in Shanghai mehr langsame Kurven und weniger gerade Anteile. Die aufgrund des geringeren Beschleunigungsanteils im leistungsbegrenzten Beschleunigungsbereich erwartete Rundenzeitsensitivität stimmt mit der Aussage aus der Rundenzeitsensitivität überein. Der SI der Leistung beträgt 0,2061 auf der Rennstrecke Spa, im Vergleich zu 0,1469 auf der Rennstrecke Shanghai. Das entspricht einem auf den SI von Spa normierten Unterschied von -29 %. Auch die Masse hat einen unterschiedlichen SI von 0,2012 (Spa) gegenüber 0,1937 (Shanghai), der sich aber im Gegensatz zum SI der Leistung weniger verändert, mit einem auf den SI von Spa normierten Unterschied von -6 %.

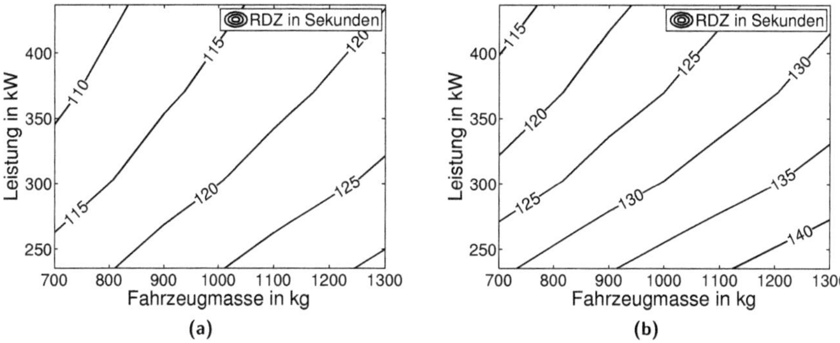

Abbildung 6.26: Rundenzeit (RDZ) in Abhängigkeit von Motorleistung und Fahrzeugmasse für die Rennstrecken Shanghai (a) und Spa (b).

Die Untersuchung mit Parametervariation aus Abbildung 6.24, 6.25 und 6.26 zeigen, dass die Rundenzeitsensitivität für einen Arbeitspunkt angenähert konstant ist. Daher wird die Sensitivität für den Vergleich aller Strecken für einen Arbeitspunkt betrachtet. In Abbildung 6.27 ist die Sensitivität von Fahrzeugmasse, Motorleistung, Abtriebskoeffizient, Luftwiderstand und Schwerpunkthöhe für alle Strecken der Langstreckenweltmeisterschaft dargestellt.

Die Rundenzeitsensitivitäten der Parameter unterscheiden sich dabei deutlich von Strecke zu Strecke. Die auf den *SI* von Le Mans bezogene Standardabweichung liegt zwischen 15 % und 21 % für alle Parameter außer der Masse. Die auf den *SI* von Le Mans bezogene Standardabweichung der Masse liegt bei 3,3 %. Das bedeutet, für die optimale Parameterdefinition im Entwicklungsprozess ist es wichtig, die zu befahrenden Strecken zu kennen und einen optimalen Kompromiss für alle Strecken zu finden oder im Idealfall das Fahrzeug sogar an verschiedene Strecken adaptierbar zu entwickeln.

Um die Möglichkeit einer Vorhersage der Rundenzeitsensitivitäten durch die Einteilung in Kurvengeschwindigkeiten und Geradenanteile zu überprüfen, werden die Sensitivitäten mit der Einteilung aus Kapitel 5.3.2 Abbildung 5.11 verglichen. Da sich Luftwiderstand und Motorleistung besonders auf der Geraden auswirken, wird überprüft, ob Strecken mit hohem Geradenanteil eine hohe Sensitivität gegenüber diesen beiden Fahrzeugparametern haben. Ein hoher Abtrieb wirkt sich aufgrund der quadratischen, von der Fahrzeuggeschwindigkeit abhängigen Erhöhung der Radlast besonders in schnellen Kurven auf die Rundenzeit aus. Daher wird überprüft, ob Strecken mit einem hohen Anteil an schnellen Kurven eine hohe Sensitivität gegenüber dem Abtriebskoeffizienten haben.

Die Strecken Le Mans und Spa haben den höchsten Einfluss bei Änderungen des Luftwiderstandskoeffizienten ($> 0{,}095$) und Motorleistung ($> 0{,}2$). Der Mittelwert aller Strecken liegt bei 0,076 für den Luftwiderstandskoeffizienten und bei 0,166 für die Motorleistung. Die beiden Strecken haben auch den höchsten Geradenanteil mit Werten über 55 %, gegenüber einem Mittelwert von 51,3 %. Die dritte Strecke, mit einem hohen Geradenanteil, ist Bahrain (57 %). Der *SI* für den Luftwiderstandskoeffizienten von Bahrain liegt bei

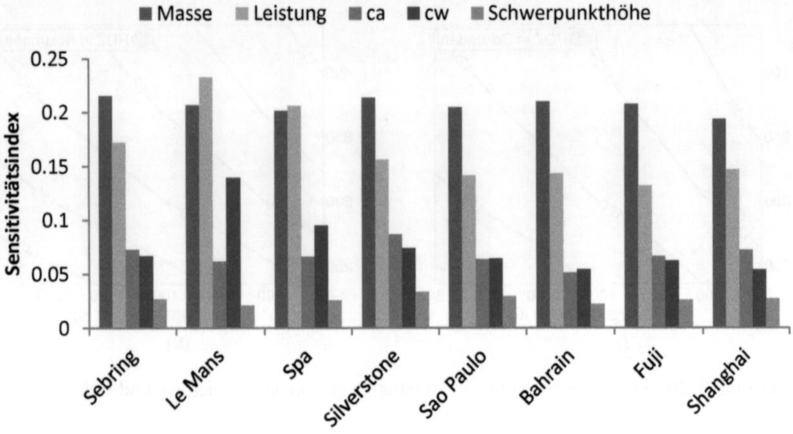

Abbildung 6.27: Rundenzeitsensitivität von Fahrzeugmasse, Motorleistung, Abtriebskoeffizient, Luftwiderstandskoeffizient und Schwerpunkthöhe für alle Rennstrecken der WEC.

0,054 und ist damit einer der niedrigsten im Vergleich mit den anderen Strecken. Der *SI* der Leistung ist ebenfalls mit 0,14 einer der geringsten, im Vergleich aller Strecken. Ersichtlich wird hierdurch, dass der Zusammenhang zwischen Geradenanteil und dem *SI* von Luftwiderstandskoeffizienten und Motorleistung für Bahrain nicht zutrifft.

Die Strecken Sebring, Silverstone und Shanghai haben die höchste Sensitivität bei Änderungen des Abtriebskoeffizienten (> 0,072). Der Mittelwert aller Strecken liegt bei 0,067. Der Anteil schneller Kurven ist in Silverstone und Sebring auch am höchsten (> 23 %). Shanghai hat jedoch von allen Strecken den niedrigsten Anteil schneller Kurven (8 %). Damit ist der Rückschluss von Kurvengeschwindigkeit auf die Rundenzeitsensitivität für Shanghai nicht gültig.

Dies bedeutet, dass hier kein vereinfachter Rückschluss aus der Einteilung in Kurvengeschwindigkeiten auf die Rundenzeitsensitivitäten zu identifizieren ist.

Um den Streckeneinfluss auf die zeitminimalen Werte von Gewichts-, Abtriebs-, Rollsteifigkeits- und Reibungskoeffizientverteilung zu untersuchen, wird die zeitminimale Parametrierung über numerische Optimierung berechnet. Die numerische Optimierung der Parameter erfolgt wie in Abschnitt 5.3.3 über nichtlineare Programmierung, kombiniert mit Startwertvariation, um lokale Optima zu vermeiden.

In Abbildung 6.28 ist die zeitminimale Parametrierung von Abtriebs-, Gewicht-, Rollsteifigkeits- und Reibungskoeffizientverteilung für die verschiedenen Strecken der Langstreckenweltmeisterschaft dargestellt. Die Gewichtsverteilung liegt dabei zwischen 39 % und 44 %, die Abtriebsverteilung zwischen 43 % und 46 %, die Rollsteifigkeitsverteilung zwischen 44 % und 51 % und die Reibungskoeffizientverteilung zwischen 44 % und 48 %. Auf allen Strecken ist die Gewichtsverteilung der geringste Wert, die Reibungskoeffizi-

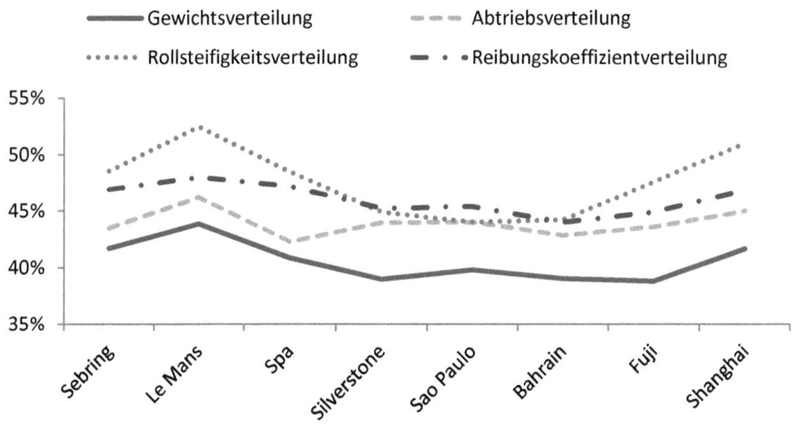

Abbildung 6.28: Numerisch optimierte Verteilung von Abtrieb, Gewicht, Rollsteifigkeit und Reibungskoeffizient für die eqs-Berechnung.

entverteilung liegt etwas höher, während die Abtriebsverteilung zwischen diesen beiden Werten liegt. Die Rollsteifigkeitsverteilung variiert stärker als die anderen Werte.

Durch diese Untersuchung wird deutlich, dass sich die zeitminimalen Verteilungen je nach Strecke unterscheiden. Auch hier ist keine eindeutige Korrelation zwischen der Einteilung und der optimalen Parametrierung zu erkennen. Das bedeutet, dass zur Bewertung der Zusammenhänge eine rechnerische Vorhersage sinnvoll ist.

In Abbildung 6.29 ist die Abweichung der Parameter $\Delta\mathcal{P}$ einer einfachen quasistatischen Simulation zur eqs-Simulation berechnet nach $\Delta\mathcal{P} = \mathcal{P}_{qs} - \mathcal{P}_{eqs}$ dargestellt.

Die quasistatische Methode arbeitet nach der in Kapitel 4.1 vorgestellten Methode für die quasistatische Berechnung der Rundenzeit mit einem Zweispurmodell, ergänzt um eine Beschreibung der Radlastverlagerung. Die Aerodynamik wird als konstant angenommen.

Die Ergebnisse unterscheiden sich von den vorherigen Ergebnissen der erweiterten quasistatischen Berechnung. Die Werte der verschiedenen Verteilungen liegen näher zusammen. Der maximale Unterschied zwischen niedrigstem und höchstem Wert beträgt 3 Prozentpunkte, während in der Untersuchung mit dem vollständigen Modell Unterschiede bis zu 6 Prozentpunkte erreicht werden. Besonders die Gewichts- und Abtriebsverteilung sind deutlich höher. Die Gewichtsverteilung liegt im Mittel 6 Prozentpunkte und die Abtriebsverteilung liegt im Mittel 3 Prozentpunkte höher als bei der vorherigen Untersuchung mit dem vollständigen Modell.

Diese Unterschiede sind zu einem gewissen Teil auf die vereinfachte Modellierung der qs-Berechnung zurückzuführen. Es wird nicht ausgeschlossen, dass mit einem komplexeren quasistatischen Modell Ergebnisse erreichbar sind, die mit der erweiterten quasistatischen Methode vergleichbar sind. Der relevante Punkt besteht darin, dass beide Modellierungen mit demselben Fahrzeugparametersatz arbeiten, wodurch bestätigt wird, dass die

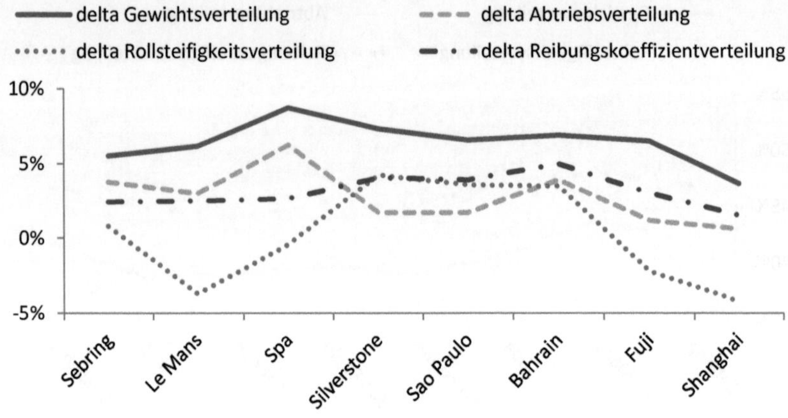

Abbildung 6.29: Abweichung der numerisch optimierte Verteilung von Abtrieb, Gewicht, Rollsteifigkeit und Reibungskoeffizient zwischen qs-Berechnung und eqs-Berechnung.

zusätzliche transiente Modellbeschreibung einen deutlichen Einfluss auf die Ergebnisse der zeitminimalen Fahrzeugparametrierung nimmt.

Die Untersuchung der streckenabhängigen Basisparametersensitivitäten und der zeitminimalen Verteilung von Abtrieb, Gewicht, Rollsteifigkeit und Reibungskoeffizienten zeigt, dass es zur Einhaltung der zeitminimalen Fahrzeugparametrierung nötig ist, die Fahrzeugparameter streckenabhängig anzupassen. Die in Kapitel 5.3.2 durchgeführte Einteilung der Kurvengeschwindigkeiten ist für eine korrekte Vorhersage nicht ausreichend.

Während die Optimierung der Verteilungen mit der qs-Methode deutlich abweichende Ergebnisse berechnet, ist der Unterschied zwischen den Ergebnissen bei der Bewertung der Basisparameter gering. Durch die hohe Sensitivität der Basisparameter, haben die Einflüsse der transienten Effekte der eqs-Berechnung eine untergeordnete Rolle.

6.4 Fazit

Die Untersuchung der verschiedenen Bereiche des Fahrzeugmodells zeigt, welche Möglichkeiten die eqs-Methode bietet, das transiente Fahrzeugverhalten präzise zu untersuchen. Weiterhin wird die Notwendigkeit der transienten Fahrzeugbeschreibung zur Rundenzeitbewertung bei kleinen bis mittleren Rundenzeitsensitivitäten deutlich. Die konkreten Ergebnisse sind nur für die gewählte Parametrierung gültig. Mit größerer Abweichung der Parameter wird die Übertragbarkeit reduziert.

Die Ergebnisse bestätigen, dass die Rundenzeit in diesem Anwendungsfall besonders durch die Leistung, Masse, Abtrieb, Luftwiderstand und Reifenkraftpotential beeinflusst wird.

Für die hier gewählte Parametrierung ist ein Ziel der Auslegung der Fahrwerksfedern und Fahrhöhen, den Abtrieb, der durch die fahrhöhenabhängige Aerodynamik bestimmt wird, optimal zu nutzen. Der Einfluss der Federn auf die Aerodynamik interagiert mit anderen Einflüssen wie z. B. mit der Veränderung der Radlastschwankung. Die Dämpferauslegung wird durch die Anforderung der gewünschten Minimierung der Radlastschwankung bestimmt, gleichzeitig ergibt sich eine Wechselwirkung mit den anderen Effekten wie z. B. der Beeinflussung des Radlasttransfers. Aufgrund der Interaktion zwischen den einzelnen Effekten mit ähnlicher Sensitivität ist die Bewertung der Feder, Dämpfer und Aufbaubewegung über isolierte Untersuchung der Einzelparameter im Fahrversuch aufwändig. Hier bietet die theoretische Bewertung durch die beschriebene Rundenzeitsimulation einen möglichen Lösungsweg.

Der Rundenzeiteinfluss der Reifentemperatur steigt nichtlinear an. Damit hat die Reifentemperatur besonders außerhalb des optimalen Bereichs großen Einfluss auf die Rundenzeit. Die Reifentemperatur ist kein direkt verstellbarer Fahrzeugparameter, daher ist die isolierte Untersuchung der Effekte der Reifentemperatur im Fahrversuch aufgrund der unkontrollierten Umgebungsbedingungen aufwändig.

Bei der Optimierung der Abtriebs-, Gewichts- und Rollsteifigkeitsverteilung wird deutlich, wie die verschiedenen Bereiche des Fahrzeugs miteinander interagieren. So ist die optimale Verteilung von den Fahrzeugparametern, von der gewählten Modellierung und von der befahrenen Strecke abhängig.

Die Untersuchung bestätigt die im vorherigen Kapitel 5.3.3 erarbeitete Annahme, dass ein optimaler Bereich der Fahrzeugparameter identifizierbar ist, in dem Parameteränderungen einen geringen Einfluss auf die Rundenzeit haben, woraus die Empfehlung der Einführung zusätzlicher Kriterien wie z.B. des Fahrerwunsches abgeleitet wird. Mit dem Fahrerwunsch ist die durch Stabilität und Übertragungsverhalten begründete Fahrzeugparametrierung gemeint.

Ebenfalls wird der hohe Einfluss der Strecke auf den optimalen Bereich der Fahrzeugparameter deutlich. Durch die in diesem Kapitel gezeigten Unterschiede zwischen den einzelnen Strecken wird der Wert der Validierung des vorherigen Kapitels 5 der Vorhersage der optimalen Fahrzeugparameter gesteigert, da die Vorhersage durch die Streckeneinflüsse zusätzlich erschwert wird.

Die hier gezeigte Umsetzung der Berechnungsmethode bietet eine Möglichkeit zur präzisen Untersuchung der Interaktionen aus Aufbaubewegung, Abtrieb, Reifentemperaturen, Radlastschwankung und Reifenkraftpotential. Da diese Größen teilweise nur über eine transiente Fahrzeugbeschreibung korrekt abgebildet werden, wird der Nutzen einer transienten Rundenzeitsimulation gegenüber einfacheren qs-Abschätzungen bestätigt.

7 Diskussion

Nachfolgend wird aus den Ergebnissen und der Validierung eine finale Bewertung der Berechnungsmethode erarbeitet. Dazu werden die Annahmen und Einschränkungen formuliert, um anschließend in der Schlussfolgerung zu einem finalen Erkenntnisstand zu gelangen, der hinsichtlich seiner Validität und Übertragbarkeit diskutiert wird.

7.1 Bewertung des Entwurfs im Hinblick auf Ergebnisse und Validierung

Die in Kapitel 6 aufgeführten Ergebnisse zeigen die Möglichkeit zur Bewertung des transienten Fahrzeugverhaltens durch die Berechnungsmethode mit der aktuell gewählten Modellierung. Aufgrund der hohen Komplexität und Interaktion der Zusammenhänge wird deutlich, wie entscheidend eine hohe Präzision und Robustheit ist, um nicht zu Fehleinschätzungen aufgrund der Ergebnissvariation zu gelangen. Bei niedriger Präzision und Robustheit sind zusätzliche Methoden notwendig, die von Fehlinterpretationen abhalten. Dies ist unabhängig davon, ob die Ergebnisse durch einen Menschen oder numerische Optimierung bewertet werden. Dieses Problem wird durch Präzision und Robustheit der eqs-Methode vermieden.

In einigen Bereichen beruht die Berechnungsmethode auf Vereinfachungen oder Annahmen, die hier diskutiert werden. Diese Bereiche sind zum einen die Filterung des Reifenpotentials, die reduzierte Gierdynamik und die festgelegte Fahrlinie. Außerdem wird das Fahrzeug immer an der Kraftschlussgrenze bewegt und damit an der Grenze der Steuerbarkeit des Systems, was von einem realen Fahrer nur schwer umsetzbar ist.

Mit der Methode ist es nicht möglich, Begrenzungen der Stellgrößengeschwindigkeit zu untersuchen, da dies Einfluss auf die Stellgrößenstrategie hat. In der quasistatischen Berechnung des zeitminimalen Manövers wird die Stellgröße (der Reifenschlupf) ohne zeitlichen Zusammenhang gestellt. Eine Begrenzung der Stellgrößengeschwindigkeit erfordert eine Modifikation der quasistatischen Beschreibung. Es besteht die Gefahr der verringerten Robustheit durch die Modifikation der quasistatischen Berechnung. Eine Begrenzung des Absolutwerts der Stellgrößen ist hingegen möglich.

Diese eingeschränkte Modellierung der Stellgrößengeschwindigkeit ist auch der Grund für die reduzierte Gierdynamik, die hier aufgrund der verschiedenen Untersuchungen[147] als

[147] Vgl. Casanova, „On Minimum Time Vehicle Manoeuvring: The Theoretical Optimal Lap“ (2000),Kelly, „Lap Time Simulation with Transient Vehicle and Tyre Dynamics“ (2008) und Brayshaw, „The use of numerical optimisation to determine on-limit handling behaviour of race cars“ (2004).

Vereinfachung mit geringer Auswirkung bewertet wird. Auch wenn die verschiedenen Autoren zu dem Schluss kommen, dass die reduzierte Gierdynamik keinen rechnerischen Einfluss auf die Rundenzeit hat, ist dies keine Aussage über die Bewertung der Gierstabilität durch den Fahrer. Es ist also durchaus möglich, dass der Fahrer aufgrund einer geringen Gierstabilität nicht in der Lage ist, das rechnerische Potential des Fahrzeugs umzusetzen.

Das bedeutet, dass in diesem Zusammenhang weniger die rechnerische Stabilität des Fahrzeugs für die Parameterbewertung relevant ist, sondern der durch den Fahrer tolerierbare Grad der Instabilität. Dies deckt sich mit der Frage, ob ein stetiges Ausnutzen der theoretischen Kraftschlussgrenze vom Fahrer tatsächlich umgesetzt wird. Ein Stabilitätskriterium über einen Grenzwert der Giereigenfrequenz oder die Begrenzung des verwendbaren Reifenpotentials in die Methode zu integrieren, ist analog zu der bereits erfolgten Modellierung umsetzbar. Hierzu ist es vorher notwendig, dass die Grenzwerte identifiziert werden, da besonders Stabilitätsgrenzen in dieser Form einen sehr hohen Einfluss auf die Rundenzeit haben[148].

In der hier entwickelten Methode ist die Krümmung vorgegeben, auf der sich das Fahrzeug bewegt. Die Krümmung wird mit exakt der Genauigkeit eingehalten, die in dem numerischen Optimierungsalgorithmus der quasistatischen Berechnung eingestellt ist. Das bedeutet, um eine Aussage über die optimale Fahrlinie zu erhalten, ist es notwendig, eine numerische Optimierung der Fahrlinie sequentiell durchzuführen. Dieses Vorgehen ist im Stand der Technik in Kapitel 2 beschrieben.

Die sequentielle Fahrlinienoptimierung wird in dieser Arbeit nicht beschrieben. Daher bleibt offen, ob sich durch eine frei gegebene Fahrlinie ein unterschiedlicher optimaler Fahrzeugparametersatz ergibt. Da sich die Fahrlinie, auch bei Änderungen von Parametern mit großem Rundenzeiteinfluss, nur wenig verändert[149] wird angenommen, dass es nicht nötig ist, die Fahrlinie bei Rundenzeiteinflüssen im mittleren Bereich anzupassen.

Die Schwierigkeit bei Fahrlinienoptimierungen besteht darin, dass durch die hohe Rundenzeitsensitivität der Fahrlinie[150] kleine Änderungen in der Rundenzeit durch eventuelle Änderungen in der Fahrlinie komplett überschrieben werden. Das heißt, um bei einer Fahrlinienoptimierung für Parameterstudien mit geringen Rundenzeiteffekten ein plausibles Ergebnis zu erhalten, ist es erforderlich, dass Lösungen mit unterschiedlichen Startbedingungen zu demselben Optimum konvergieren.

Weiterhin resultiert aus einer gewünschten Fahrlinienoptimierung ein erhöhter Anspruch an die Modellgenauigkeit der Fahrbahn. Für eine korrekte Berechnung ist die Beschreibung der Vertikalanregung über die komplette Fahrbahnbreite sowie die veränderlichen Reibungskoeffizienten von Fahrbahn, Randstein oder unbefestigtem Fahrbahnrand nötig. Im Zusammenhang mit geeigneten Stabilitätskriterien, wird es möglich, anstatt der rechnerisch optimalen Fahrlinie eine, der persönlichen Präferenz des Fahrers entsprechende Fahrlinie zu identifizieren. Diese Fahrlinie entspricht der aus den Messdaten gewonnenen Fahrlinie, falls der Fahrer in der Lage ist, die optimale Fahrlinie zu identifizieren.

[148]Kelly, „Lap Time Simulation with Transient Vehicle and Tyre Dynamics“ (2008).

[149]Vgl. Mühlmeier und Müller, „Optimization of the driving line on a race track“ (2002).

[150]Vgl. Brayshaw, „The use of numerical optimisation to determine on-limit handling behaviour of race cars“ (2004) und Siegler, „Lap Time Simulation for Racing Car Design“ (2002).

Unter der Voraussetzung, dass sich bei den Parameterstudien mit mittlerem Rundenzeiteffekt die Fahrlinie nicht ändert, ist eine Fahrlinienoptimierung zur Untersuchung dieser Effekte nur sinnvoll, wenn es die begründete Annahmen gibt, dass der Fahrer nicht in der Lage ist, die optimale Fahrlinie zu finden oder das Fahrzeug in der entsprechenden Fahrzeugkonfiguration nicht auf der Strecke gefahren ist.

Die Notwendigkeit des gefilterten Reifenkraftpotentials hängt mit der festgelegten Krümmungsvorgabe zusammen. Aufgrund der rechnerisch genauen Einhaltung der Krümmungsvorgabe führt ein reduziertes Querkraftpotential direkt zu einer Reduzierung der Geschwindigkeit, auch wenn aufgrund der hochfrequenten Schwingung das vollständige Querkraftpotential wenig später wieder zur Verfügung steht und das System in der Lage ist, die Krümmungsabweichung auszugleichen.

Da der Geschwindigkeitsverlauf in Realität von der Krümmung und nicht von einzelnen Unebenheiten dominiert ist, wird angenommen, dass der Fahrer in der Lage ist, das mittlere Querkraftpotential eines Kurvenabschnittes zu antizipieren. Diese Annahme resultiert in der umgesetzten Filterung des Reifenkraftpotentials. Die Richtigkeit dieser Annahme wird durch die Ergebnisse des Abgleichs der optimalen rechnerischen und tatsächlich gefahrenen Fahrzeugparametrierung bestärkt. Bei einer höheren Grenzfrequenz des Filters ergibt sich aufgrund der stärker dominierenden Unebenheiten eine deutlich höhere Sensitivität für Reduzierung der Radlastschwankung. Durch die höhere Sensitivität wird ein anderes Ergebnis für die optimale Fahrzeugparametrierung berechnet. Die Federhärte und Fahrhöhen werden in diesem Fall von den Unebenheiten bestimmt und nicht mehr von aerodynamischem Abtrieb. Dadurch weichen die theoretisch berechneten Werte deutlich von den tatsächlich gefahrenen Werten ab. Dass dieses Verhalten in der Untersuchung der optimalen Fahrzeugparametrierung nicht auftritt, bestätigt die Auslegung des Filters des Reifenkraftpotentials.

7.2 Einordnung ins Umfeld

Im Vergleich zur reinen qs-Methode besteht der Vorteil der eqs-Methode in der erweiterten Bewertbarkeit von transienten Effekten. Die Präzision der qs-Methode ist auf höherem Niveau, da diese nur von der Rechengenauigkeit begrenzt wird. Bei korrekter Umsetzung ist die qs-Methode robuster, da es zu keinem lösungsbedingten Abbruch der Berechnung kommt. Das bedeutet für die Bereiche, in denen die reine qs-Methode anwendbar ist, ist sie aufgrund der hohen Präzision und Robustheit die bessere Wahl.

Für die Fahrzeugbewertung ist aber das transiente Fahrzeugverhalten ebenfalls relevant. Es ist möglich, die transienten Einflüsse über empirische Skalierungsfaktoren in der qs-Simulation zu bewerten. Zur erstmaligen Quantifizierung der Effekte ist eine qs-Berechnung nicht verwendbar, da diese Effekte nicht beachtet werden.

So ist es z. B. nicht möglich, mit quasistatischer Simulation den Kompromiss aus Federhärten und Fahrhöhen in Bezug auf Abtriebsoptimierung und Minimierung der Radlastschwankung direkt zu bewerten. Dies liegt daran, dass mit der quasistatischen Simulation keine Rundenzeitnachteil aus hohen Radlastschwankungen berechnet wird. Für die Federsteifigkeiten werden immer höhere Werte gewählt, um das Fahrzeug in dem Bereich optimaler aerodynamischer Abtriebe zu positionieren. Die eqs-Lösung mit der hier verwendeten Parametrierung wird ebenfalls von den Abtrieben und der optimalen Positionierung des Fahrzeugs bestimmt. Ab einem gewissen Punkt erweist sich der Nachteil durch den Verlust an Reifenkraftpotential durch die relative Radlastschwankung als so hoch, dass durch härtere Federn kein Rundenzeitvorteil erreicht wird. Wenn der Rundenzeitverlust durch eine höhere Federsteifigkeit bekannt ist, ist es möglich, diese Informationen auch in der reinen quasistatischen Simulation zu verwenden. Zur Berechnung dieses, durch das transiente Verhalten verursachten Rundenzeitverlustes ist die qs-Simulation nicht geeignet.

Methoden, basierend auf Fahrerreglern mit quasistatischer Vorsteuerung, haben den Vorteil, dass die Lösung, im Gegensatz zur eqs-Methode, keine Iteration erfordert und damit schneller berechnet wird und robuster ist. Dafür bieten die Methoden nicht die nötige Präzision, um eine Parameteroptimierung von Effekten mit kleinen Rundenzeitsensitivität durchzuführen. Das bedeutet, das sich die Rundenzeitsimulation mit Fahrerreglern besonders für Untersuchungen von größeren Rundenzeitsensitivitäten eignet. Diese Aussage gilt für die im Stand der Technik (Kapitel 2) untersuchten Methoden, die eine Präzision angeben, da die Präzision der Methoden, die mit Fahrerreglern arbeiten, in der vorliegenden Arbeit nicht explizit bewertet werden.

Die direkten Methoden der optimalen Steuerungstechnik bieten ebenfalls eine, mit der eqs-Methode vergleichbare Möglichkeit zur Bewertung des Einflusses des transienten Fahrzeugverhaltens auf die Rundenzeit. Um den numerischen Aufwand zu reduzieren, wird teilweise auf Präzision in der Berechnung verzichtet. Dies ist aber mit einem entsprechenden Ressourceneinsatz zu lösen. Aufgrund der vielen Freiheitsgrade durch die frei gegebene Fahrlinie und der komplexen nichtlinearen Zusammenhänge der Fahrzeugmodellierung ist es aufwändig, lokale Optima zu vermeiden, worunter die Robustheit der Methoden leidet. Der Optimierungsansatz der eqs-Methode beschreibt die Problemstellung nur vereinfacht, erhöht aber die Robustheit der Methode. Dafür haben die direkten Methoden im Bereich der Systembeschreibung geringere Einschränkungen. Durch den globalen Optimierungsansatz ergibt sich die implizite Möglichkeit, Fahrzeugparameter wie z. B. Bremskraft- oder Rollsteifigkeitsverteilung für jeden Rechenschritt optimal zu lösen.

Zusammenfassend führen, je nach Ziel der Untersuchung, verschiedene Ansätze zu einer geeigneten Lösung.

7.3 Schlussfolgerung

Das Ergebnis der vorliegenden Arbeit ist die entwickelte eqs-Berechnungsmethode und damit die Bestätigung der Untersuchungshypothese, dass es durch eine Erweiterung der quasistatischen Methode möglich wird, den Einfluss des transienten Fahrzeugverhaltens auf die Rundenzeit mit hoher Präzision zu bewerten.

Dies wird anhand einer allgemeinen Formulierung der Berechnungsmethode gezeigt, die zur präzisen Bewertung transienter Rundenzeitsensitivitäten eines konkreten Anwendungsfalls für ein Motorsportfahrzeug in der Langstreckenweltmeisterschaft angewendet wird.

Da das Berechnungsprinzip an einem konkreten Anwendungsfall validiert wird, ist es nicht automatisch für den allgemeinen Fall nachgewiesen. Die Entwicklungsmethodik beruht auf dem top-down Prinzip. Das heißt, es wird vom allgemeinen Fall auf die spezielle Anwendung geschlossen. Dies bedeutet im Umkehrschluss, dass die Berechnungsmethode keine Speziallösung für den Anwendungsfall ist. Bei der Validierung des Anwendungsfalls handelt es sich um ein gezieltes Falsifizierungsexperiment. Das Falsifizierungsexperiment ist die Überprüfung der Vorhersage- und Aussagegenauigkeit der Rundenzeit und Fahrzeugparameter für ein LMP-Fahrzeug auf mehreren Strecken. Der nachgewiesene hohe Einfluss der verschiedenen Strecken auf die rundenzeitoptimale Fahrzeugparametrierung erhöht den Wert des Experiments. Es werden keine Auswirkungen auf die Vorhersage- und Aussagegenauigkeit durch die Vereinfachungen der Methode, eventuellen konzeptionellen Fehler oder eventuell fehlerhaften Annahmen identifiziert. Die Nichterfüllung des Falsifizierungsexperiments stützt den Wert der Berechnungsmethode.

Trotzdem bedeutet dies nicht, dass es keine Einschränkungen für die Methode gibt. Die Problematik der genaueren Bewertung und Identifizierung der Grenzen der Methode liegt dabei weniger in der Berechnungsmethode, die hohe Präzision bietet, als in einem zur Überprüfung geeigneten präzisen Testverfahren. Da sich die Validität der theoretisch ermittelten Rundenzeit zum jetzigen Zeitpunkt nicht ohne den Fahrer überprüfen lässt, wird die Bewertung der Methode durch den Einfluss des Menschen im realen Streckentest begrenzt. Außerhalb der validierten Grenzen verliert die theoretisch berechnete Rundenzeit im Vergleich zu einer Bewertung durch den Fahrer an Relevanz. Hier ist es zur verbesserten Parametervorhersage nötig, die Bewertung durch den Fahrer zu objektivieren.

Eine zweite Problematik ist die Identifizierbarkeit der Modellparameter. Die meisten Parameter werden über die geeigneten Testverfahren bis zu einer ausreichend hohen Genauigkeit bestimmt. Die Identifizierbarkeit der Reifenparameter ist hingegen eingeschränkt und im Moment ein begrenzender Faktor für die eqs-Methode. Besonders der hohe thermische Einfluss erschwert eine Untersuchung der Parameter auch unter kontrollierter Umgebung wie auf dem Prüfstand[151]. Der in dieser Arbeit angewandte Abgleich mit Streckendaten erschwert die Trennung zwischen Ungenauigkeiten der Berechnung und Ungenauigkeiten der Parameter. Hier ist eine Trennung zur besseren objektiven Bewertung der eqs-Methode nötig.

Zusammenfassend wird in dieser Arbeit ein erster Schritt zur Überprüfung der Validität der entwickelten Berechnungsmethode geleistet. Es ist notwendig, durch verfeinerte Testverfahren den Wert der Berechnungsmethode weiter zu bestätigen bzw. die Grenzen der eqs-Methode genauer zu identifizieren.

Aufgrund der objektiven Bewertungskriterien der Validierungsmethodik wird die Übertragbarkeit der angewendeten Entwicklungsmethodik auf andere Anwendungsfälle mit einer vergleichbaren Genauigkeit angenommen. Für einen anderen Anwendungsfall, d. h. andere Fahrzeugklassen und Strecken, unterscheidet sich die Parametrierung, eventuell auch Modellierung. Die Entwicklungsmethodik und Berechnungsmethode bleiben dieselbe.

Wie das einfache Beispiel der Mondlandefähre zeigt, ist die Berechnungsmethode in ihrer allgemeinen Form auch auf andere Bereiche außerhalb der Rundenzeitsimulation anwend-

[151] Die Thematik wird bei Einsle, „Analyse und Modellierung des Reifenübertragungsverhaltens bei transienten und extremen Fahrmanövern“ (2010) genauer beschrieben.

bar, solange es sich um zeitminimale Manöverberechnung auf einem vorgegebenen Pfad handelt und die weiteren Anwendungsvoraussetzungen erfüllt sind. Aufgrund der fehlenden Validierung ist für diese allgemeinen Fälle keine Aussage über die zu erwartende Genauigkeit möglich.

Die wesentlichen Erkenntnisse aus dem Entwurf der Methodik sind:

- Die qs-Lösung formuliert das Randwertproblem als Anfangswertproblem, wodurch Robustheit und Präzision begründet sind.
- Transiente Zustände verhindern das quasistatische Lösungsvorgehen.
- Die transienten Zustände werden in einem separaten Modell berechnet und durch Überlagerung iterativ gelöst.
- Die Wahl der Schnittstellen zwischen transientem und quasistatischem Modell ist entscheidend für ein konvergentes Verhalten.

Aus dem konkreten Anwendungsfall werden ebenfalls Erkenntnisse über die Zusammenhänge zwischen Fahrzeugparametern und Rundenzeit gewonnen. Dabei handelt es sich im Wesentlichen um keine neuen Erkenntnisse, da die meisten Zusammenhänge durch einfache Wirkprinzipien erklärt werden. Der Mehrwert dieser Zusammenhänge entsteht durch die konkrete Rundenzeit- oder Parameterbewertung aufgrund der Interaktion der Parameter im jeweiligen Anwendungsfall. Der größte Mehrwert liegt dabei in der Bewertung der Sensitivitäten mit Rundenzeiteinfluss knapp unterhalb des im Streckentest bewertbaren Rundenzeiteinflusses. Sie sind aufgrund ihres zu geringen Einflusses nur bei großen Parameteränderungen im Fahrversuch über Auswertung der Rundenzeit untersuchbar. Bei kombiniertem Auftreten mehrerer dieser Einflüsse werden Rundenzeitunterschiede erreicht, die im Fahrversuch identifizierbar sind, aber aufgrund der schlechten Isolierbarkeit ohne theoretische Betrachtung schwierig zu analysieren bleiben.

7.4 Ausblick

Für eine Weiterentwicklung bieten sich die Bereiche an, die eine verbesserte Vorhersage der rundenzeitoptimalen Fahrzeugparameter erlauben.

Verschiedene Modellbeschreibungen versprechen eine genauere Fahrzeugbewertung, da die in dieser Arbeit umgesetzte Modellierung, gemessen an der Komplexität der Zusammenhänge des Fahrzeugverhaltens, weiteres Entwicklungspotential aufweist.

Die Interaktion von Massenverteilung, Schwingungsdämpfer und Federelementen, in Kombination mit den Abstützeffekten durch Kinematik, bietet hier eine Möglichkeit zur genaueren Beschreibung der Radlasten, die, wie in der vorliegenden Untersuchung beschrieben, entscheidend für das maximale Beschleunigungspotential des Fahrzeugs sind. Zur detaillierteren Beschreibung bieten sich Mehrkörpersysteme an, die den tatsächlichen physikalischen Aufbau des Fahrzeugs abbilden.

Der Treibstoffverbrauch hat direkten Einfluss auf das maximale Beschleunigungspotential und damit auf die Rundenzeit. Daher bietet die Modellierung dieser zeitvarianten Größe weiteres Verbesserungspotential für die Fahrzeugbewertung.

Das Reifenmodell hat das größte Entwicklungspotential im Bereich höherer Modellierungstiefe. Hier sind die Zusammenhänge aus Sturz, Druck, Veränderung des Reibungskoeffizienten und Temperaturverhalten über die komplette Breite des Reifens noch vereinfacht dargestellt. Ebenso ist die laufzeitabhängige Reduktion des Reibungskoeffizienten der Reifen ein Modellbereich, der im Moment nicht in der Modellierung abgebildet ist. Aufgrund der hohen Wechselwirkung dieser Effekte untereinander ist das resultierende Reifenkraftpotential schwer abzuschätzen. In Kombination mit der Rückkopplung durch die umgesetzte Reifenkraft wird hier ein wesentlicher Mehrwert zur genaueren Rundenzeitbewertung erwartet.

Das modellierte Einlaufverhalten der Längsdynamik sowie die Gierdynamik haben aufgrund der kleinen Rundenzeitsensitivität für die weitere Entwicklungsrichtung eine geringere Priorität.

Zur weiteren Verbesserung der Genauigkeit wird empfohlen, neben der Modellierung die Parametrierung zu verbessern. Die Strecken- und Reifenparametrierung sind die in der Validierung aus Kapitel 5 identifizierten Parameterbereiche mit dem meisten Potential zur Erhöhung der Genauigkeit. Besonders die Identifizierung von Reifenparametern ist ein aktuelles Forschungsgebiet und bietet viel Entwicklungspotential für die Rundenzeitberechnung.

Aufgrund des relativ großen Bereichs, in dem eine Veränderung der untersuchten Fahrzeugparameter geringe Rundenzeitunterschiede erzeugt, wird zur verbesserten Berechnung der optimalen Fahrzeugparametrierung die Einführung weiterer Kriterien empfohlen. Hier sind besonders Kriterien relevant, die die Anforderung an Stabilität und Übertragungsverhalten des Fahrzeugs durch den Fahrer beschreiben. Die zu untersuchende Fragestellung ist, ob ein rechnerisch optimales Setup auch vom Fahrer optimal bewertet wird.

In der vorliegenden Untersuchung wird der rechnerisch optimierte Fahrzeugparametersatz mit dem unabhängig davon erzeugten Parametersatz aus dem Streckentest verglichen. Durch die Umkehrung dieses Validierungsprozesses wird es ermöglicht, die optimierten Fahrzeugparametersätze im Streckentest zu beurteilen. Dies bedeutet, die rechnerisch optimierten Fahrzeugparameter werden im Streckentest durch den Fahrer bewertet. Daraus werden, bei geeigneter Auswertung, Erkenntnisse zur Objektivierung des subjektiven Fahreindrucks erzeugt. Um die Berechnungsmethode zu entwickeln, wird empfohlen, diese Erkenntnisse zur Beschreibung des durch den Fahrer beurteilten Stabilitäts- und Übertragungsverhaltens zu verwenden.

8 Zusammenfassung

Für die technische Entwicklung im automobilen Rennsport gilt die Rundenzeit als entscheidendes Kriterium. Durch eine Rundenzeitsimulation, die mit einer modellbasierten Fahrzeugbeschreibung das maximale Fahrzeugbeschleunigungspotential berechnet und die theoretisch minimale Rundenzeit vorhersagt, werden Entscheidungen in der frühen Phase des Entwicklungsprozess unterstützt.

Die Berechnung der zeitminimalen Fahrlinie und Fahrzeuggeschwindigkeit ist aufgrund der Kopplung zwischen Fahrlinie, Geschwindigkeitsprofil und maximalem Fahrzeugbeschleunigungspotential sowie der nichtlinearen Dynamik der Fahrzeugbeschreibung numerisch aufwändig und konvergiert zu lokalen Optima.

Zur Berechnung des zeitminimalen Manövers auf der Rundstrecke werden hauptsächlich direkte Methoden der Optimalsteuerung, quasistatischen Rundenzeitberechnung und Regelalgorithmen verwendet. Die verschiedenen Methoden werden auch kombiniert eingesetzt, um die Nachteile der jeweiligen Methode zu kompensieren. Die direkten numerischen Methoden der Optimalsteuerung lösen das System über einen Optimierungsalgorithmus, wobei die Dynamik des Systems in den Nebenbedingungen des Optimierers beschrieben wird. Der Nachteil der Methode besteht neben dem numerischen Aufwand darin, dass aufgrund der vielen Freiheitsgrade des Optimierungsraums die Gefahr besteht, dass die Lösungen zu lokale Optima konvergieren. Dieses Verhalten führt z. B. bei einer Parameterstudie zu Abweichungen zwischen zwei berechneten Rundenzeit, die keine durch die physikalische Modellierung erklärbare Ursache haben und damit Fehlinterpretationen im Entwicklungsprozess begünstigen. Die quasistatische Rundenzeitberechnung betrachtet nur die stationär eingeschwungenen Zustände des Systems. Die Methode weist sehr geringe modellbedingte Abweichungen zwischen den verschiedenen berechneten Rundenzeit auf, ist jedoch nicht in der Lage, transiente Zusammenhänge zu beschreiben. Die zur Rundenzeitminimierung eingesetzten Regelungsalgorithmen, die auch Fahrerregler genannt werden, stellen einen Fahrer nach, der das Fahrzeug im fahrdynamischen Grenzbereich führt. Ein Fahrerregler erlaubt die Verwendung einer einfachen Berechnung zur Manöverplanung, dessen zeitminimale Lösung anschließend mit einem durch den Fahrerregler geführten Vollfahrzeug abgefahren wird. Durch dieses Vorgehen wird die Rechenzeit gegenüber einer Manöverplanung, die mit einem Vollfahrzeugmodell arbeitet, reduziert. Aufgrund der unterschiedlichen Modellbeschreibung und des Verlusts der Steuerbarkeit des Fahrzeugs im Grenzbereich kommt es zu Abweichungen von der zeitminimalen Trajektorie. Diese Abweichungen erzeugen unerwünschte Rundenzeiteinflüsse, die, wie bei der Optimalsteuerung, durch das Berechnungsprinzip der Methode verursacht werden und nicht aus dem Rundenzeiteinfluss der physikalischen Modellbeschreibung des Fahrzeugs resultieren.

Aufgrund der geringen modellbedingten Rundenzeitabweichung der quasistatischen Methode wird in dieser Arbeit die Möglichkeit untersucht, die quasistatische Rundenzeitsimulation um eine Bewertung des transienten Fahrzeugverhaltens zu erweitern. Dazu werden die Wirkprinzipien der quasistatischen Methode formuliert, um daraus die Bedingungen für eine Erweiterung abzuleiten. Unter Beachtung dieser Bedingungen wird eine Methodik zur Integration der transienten Modellierung in die quasistatische Berechnungsmethode formuliert. Dabei wird gezeigt, dass die quasistatische Berechnung das zur Lösung der zeitminimalen Manöverberechnung nötige Randwertproblem als Anfangswertproblem formuliert, wodurch die geringe modellbedingte Rundenzeitabweichung begründet ist. Da die transienten Zustände dieses Vorgehen nach quasistatischer Berechnungsmethode verhindern, werden die transienten Zustände in einem separaten Modell berechnet und durch Überlagerung iterativ gelöst. Die entwickelte Methode weist eine geringe modellbasierte Rundenzeitabweichung zwischen zwei Ergebnissen auf und ist somit zur Bewertung kleiner Rundenzeiteinflüsse geeignet. Die Wahl der Schnittstellen zwischen transientem und quasistatischem Modell ist dabei entscheidend für eine möglichst schnelle Konvergenz der Iteration.

Die Validität der Methode wird überprüft, indem für einen konkreten Anwendungsfall die rundenzeitminimale Geschwindigkeit auf verschiedenen Strecken vorhergesagt sowie die rundenzeitminimale Fahrzeugparametrierung berechnet wird. Die berechnete Fahrzeugparametrierung wird anschließend mit der tatsächlich gefahrenen, im Streckentest optimierten, Fahrzeugparametrierung abgeglichen. Bei der Untersuchung zeigt sich, dass die Methode in der Lage ist, die Rundenzeit auf verschiedenen Strecken vorherzusagen. Der in dieser Arbeit überprüfte ausgeprägte Einfluss der verschiedenen Strecken auf die optimalen Fahrzeugparameter erschwert die Berechnung der optimalen Parameter. Die Methode ist unabhängig von der Strecke in der Lage, die optimalen Parameter zu bestimmen. Bei der Untersuchung der optimalen Parameter zeigt sich, dass für einige Fahrzeugparameter wie z. B. die statische Achslastverteilung ein optimaler Bereich identifizierbar ist, in dem sich die Rundenzeit nur geringfügig verändert. Außerhalb dieses optimalen Bereichs ist der Rundenzeiteinfluss deutlich stärker ausgeprägt. Um zu einem klaren Ergebnis bezüglich der Optimierungsrichtung der Parameter in diesem optimalen Bereich zu gelangen, wird die Einführung weiterer Bewertungskriterien empfohlen, z. B. auf Basis objektivierter Fahreraussagen.

Die Untersuchung der verschiedenen Modellbereiche durch Parametervariation zeigt die Interaktion zwischen den Modellbereichen sowie deren Einfluss auf die Rundenzeit. Dabei wird besonders der hohe Rundenzeiteinfluss der transienten Beschreibung des Reifens sowie der Vertikaldynamik deutlich. Andere Modellbereiche wie das transiente Einlaufverhalten des Motors oder der Aerodynamik haben einen geringeren Einfluss auf die Rundenzeit. Der größte Mehrwert durch die transiente Erweiterung ist die mögliche Bewertung der Interaktionen zwischen den einzelnen Effekten der Fahrzeugbeschreibung, da sich besonders die transienten Effekte stark gegenseitig beeinflussen.

Zusammengefasst eignet sich die in der Arbeit untersuchte Erweiterung der quasistatischen Rundenzeitsimulation um eine Beschreibung des transienten Fahrzeugverhaltens, zur Bewertung der Rundenzeit. Die mit der Berechnungsmethode durchgeführten Vorhersagen der Rundenzeiten, Optimierungen der Fahrzeugparameter und Untersuchungen des transienten Fahrzeugverhaltens bieten eine weitere Möglichkeit, den Entwicklungsprozess von Rennfahrzeugen zu verbessern.

Literatur

Brayshaw, D. und Harrison, M. F. „A quasi steady state approach to race car lap simulation in order to understand the effects of racing line and centre of gravity location“. In: *Proceedings IMechE, Part D: J. Automobile Engineering* 219 (2005), S. 725–739.

Brayshaw, D. „The use of numerical optimisation to determine on-limit handling behaviour of race cars“. Diss. Cranfield University, 2004.

Butz, T. *Optimaltheoretische Modellierung und Identifizierung von Fahrereigenschaften.* Fortschritt-Bericht VDI, Reihe 8, Nr. 1080, 1. Auflage. Düsseldorf: VDI Verlag, 2005. ISBN: 3-185080084.

Butz, T. und Ehmann, M. „Virtuelle Rundenzeitoptimierung mittels realistischer Rennfahrzeugsimulation“. In: *Fachtagung race.tech* (2005).

Butz, T. und von Stryk, O. „Optimal Control Based Modeling of Vehicle Driver Properties“. In: *Proceedings of SAE 2005 World Congress* 16 (2005). SAE technical paper 2005-01-0420.

Candelpergher, A., Gadola, M. und Vetturi, D. *Developments of a method for lap time simulation.* SAE technical paper 2000-01-3562. 2000.

Cardamone, L., Loiacono, D., Lanzi, P. L. und Bardelli, A. P. „Searching for the Optimal Racing Line Using Genetic Algorithms“. In: *Proceedings of the 2010 IEEE Conference on Computational Intelligence and Games* (2010).

Casanova, D. „On Minimum Time Vehicle Manoeuvring: The Theoretical Optimal Lap“. Diss. School of Engineering, Cranfield University, 2000.

Casanova, D., Sharp, R. S. und Symonds, P. „Minimum Time Manoeuvring: The Significance of Yaw Inertia“. In: *Vehicle System Dynamics* 34 (2000), S. 77–115.

Casanova, D., Sharp, R. S. und Symonds, P. „On the Optimisation of the Longitudinal Location of the Mass Centre of a Formula One Car for two Circuits“. In: *Proceedings of AVEC* (2002).

Casanova, D., Sharp, R. S. und Symonds, P. „Sensitivity to Mass Variations of the Fastest Possible Lap of a Formula One Car“. In: *Vehicle System Dynamics* (2001), S. 119–134.

DIN 55350-13:1987-07. *Begriffe der Qualitätssicherung und Statistik - Begriffe zur Genauigkeit von Ermittlungsverfahren und Ermittlungsergebnissen.* 1987.

Dominy, J. A. und Dominy, R. G. „Aerodynamic Influences on the Performance of the Grand Prix Racing Car". In: *IMechE Part D: Journal of automotive engineering* 198.2 (1984), S. 87.

Donges, E. „A Two Level model of driver steering behavior". In: *The Journal of the Human Factors and Ergonomics Society* 20 (1978), S. 691–707.

Ehmann, M. und Butz, T. „Raceline Optimierung und Fahrermodellierung für die Simulation von Rennfahrzeugen in Echtzeit". In: *Fachtagung race.tech* (2004).

Einsle, S. „Analyse und Modellierung des Reifenübertragungsverhaltens bei transienten und extremen Fahrmanövern". Diss. TU Dresden, 2010.

Favrier, P., Martin, H. und Fandard, G. *Method for Simulating the Thermomechanical Behavior of a Tire Rolling on the Ground.* US-Patent 2010/0010795. 2010.

Frezza, R., Saccon, A. und Bachet, D. „SmartDriver: a sensor based model of a car driver for virtual product development". In: *Proceedings of the 2003 IEEE/ASME International Conference on Advanced Intelligent Mechatronics* 1 (2003), 366–370.

Fujioka, T. und Kimura, T. „Numerical Simulation of Minimum-Time Cornering Behavior". In: *JSAE Rev.* 13 (1992). JSAE technical paper 925507, 44–51.

Gadola, M., Vetturi, D., Cambiaghi, D. und Manzo, L. *A tool for lap time simulation.* SAE technical paper 962529. 1996.

Gill, P., Murray, W. und Saunders, M. „SNOPT: An SQP Algorithm for Large-Scale Constrained Optimization". In: *SIAM Journal on Optimization,* 12.4 (2002), S. 979 –1006.

Gill, P., Murray, W., Saunders, M. und Wright, M. *User's Guide for NPSOL (version 5.0).* Deptartment of Operations Research, Stanford University, 1998.

Gordon, T. J., Best, M. C. und Dixon, P. J. „An automated driver based on convergent vector Fields". In: *Proceedings IMechE, Part D: Automobile Engineering* 216 (2002), S. 329–347.

Griewank, A. und Walther, A. *Evaluating Derivatives: Principles and Techniques of Algorithmic Differentiation.* 2. Edition. Society for Industrial und Applied Mathematics, 2008. ISBN: 9780898716597.

Gustafsson, T. *Computing The Ideal Racing Line Using Optimal Control.* Masterthesis, Department of Electrical Engineering, Linköpings Universität, LiTH-ISY-EX-08/4074-SE. 2008.

Hendrikx, J. P. M., Meijlink, T. J. J. und Kriens, R. F. C. „Application of Optimal Control Theory to Inverse Simulation of Car Handling". In: *Vehicle System Dynamics* 26 (1996), S. 449–461.

IPG Automotive. *IPGDriver Produktbeschreibung.* Internetseite. Zugriff 17.2.2013: `http://www.ipg.de/index.php?id=625&L=1`. 2013.

ISO/IEC 25010:2011. *Systems and software engineering - Systems and software Quality Requirements and Evaluation (SQuaRE) - System and software quality models.* 2011.

Jain, D., Tsiotras, P. und Velenis, E. „Optimal Feedback Velocity Profile Generation for a Vehicle with Given Acceleration Limits: A Level Set Implementation“. In: *Proceedings of 13th IEEE Mediterranean Conference on Control and Automation* (2008), S. 451 –456.

Jennings, M. *Dynamic Simulation of Race Car Performance.* SAE technical paper 962539. 1996.

Kasprzak, E., Lewis, K. und Milliken, D. *Steady-State Vehicle Optimization Using Pareto-Minimum Analysis.* SAE technical paper 983083. 1998.

Kelly, D. P. „Lap Time Simulation with Transient Vehicle and Tyre Dynamics“. Diss. School of Engineering, Cranfield University, 2008.

Kirk, D. E. *Optimal Control Theory: An Introduction.* Dover Publication, 1970. ISBN: 978-0486434841.

Knorrenschild, M. *Numerische Mathematik.* Carl Hanser Verlag, 2008. ISBN: 987-3446404403.

König, L. *Ein virtueller Testfahrer für den querdynamischen Grenzbereich.* Schriftreihe des Institut für Verbrennungsmotoren und Kraftfahrwesen der Universität Stuttgart, Band 43, 1. Auflage. Renningen: Expert Verlag, 2009. ISBN: 978-3816929888.

La Joie, J. *Race Car Performance Optimization.* SAE technical paper 942492. 1994.

Lawrence, C., Zhou, J. L. und Tits, A. L. *User's Guide for CFSQP Version 2.5: A C Code for Solving (Large Scale) Constrained Nonlinear (Minimax) Optimization Problems, Generating Iterates Satisfying All Inequality Constraints.* Electrical Engineering Department und Institute for Systems Research University of Maryland, 1997.

Lowndes, E. M. „Development of an Intermediate Degree of Freedom Vehicle Dynamics Model for Optimal Design Studies“. Diss. North Carolina State University, 1998.

MSC Software. *Adams Produktbeschreibung.* Internetseite. Zugriff 17.2.2013: `http://www.mscsoftware.com/product/adams`. 2013.

MacAdam, C. C. „Application of an Optimal Preview Control for Simulation of Closed-Loop Automobile Driving“. In: *IEEE Transactions on Systems, Man, and Cybernetics* SMC 11.6 (1981), S. 393–399.

Mavroudakis, B. *About the Simulations of Formula 1 Racing Cars.* Schriften aus dem Institut für Technische und Numerische Mechanik der Universität Stuttgart, Band 18. Aachen: Shaker Verlag, 2011. ISBN: 978-3832299620.

McAllister, C. D., Simpson, T. W., Hacker, K. und Lewis, K. „Application of multidisciplinary design optimitation to racecar design and analysis“. In: *Proceedings AIAA ISSMO Multidisciplinary Analysis and Optimization Conference* (2002). AIAA 2002-5608.

McAllister, C. D., Simpson, T. W., Lewis, K. und Messac, A. „Robust Multiobjective Optimization through Collaborative Optimization and Linear Physical Programming“. In: *Proceedings AIAA ISSMO Multidisciplinary Analysis and Optimization Conference* (2004). AIAA 2004-4549.

McNay, G. und Southwick, L. *An Approximate Lap Time Minimization Based on Indy Style Racing Car Geometry*. SAE technical paper 910011. 1991.

Mechanical Simulation. *CarSim Produktbeschreibung*. Internetseite. Zugriff 17.2.2013: `http://www.carsim.com/products/carsim/index.php`. 2013.

Metz, D. und Williams, D. „Near Time-optimal Control of Racing Vehicles“. In: *Automatica (Journal of IFAC) - Identification and systems parameter estimation* 25.6 (1989), S. 841 –857.

Mühlmeier, M. *Bewertung von Radlastschwankungen im Hinblick auf das Fahrverhalten von Pkw*. VDI-Verlag, 1993. ISBN: 3-181487120.

Milliken, W. F. und Milliken, D. L. *Race Car Vehicle Dynamics*. 1. Auflage. Haynes Verlag, 1995. ISBN: 978-1560915263.

Mitschke, M. *Dynamik der Kraftfahrzeuge*. 4. Auflage. Springer-Verlag, 2004. ISBN: 3-540420118.

Moss, S. und Pomeroy, L. *Design and Behaviour of the Racing Car*. William Kimber, 1963.

Mühlmeier, M. und Müller, N. „Optimization of the driving line on a race track“. In: *Proceedings of the 2002 SAE Motorsports Engineering Conference and Exposition* (2002). SAE technical paper 2002-01-3339.

Muñoz, J., Gutierrez, G. und Sanchis, A. „Multi-objective evolution for car setup optimization“. In: *Proceedings of the 10th Annual Workshop on Computational Intelligence* (2010).

Nocedal, J. und Wright, S. J. *Numerical Optimization*. 2. Edition. Springer Verlag, 2006. ISBN: 0-387303030.

Orend, R. „Modelling and control of a vehicle with single-wheel chassis actuators“. In: *Proceedings IFAC World Congress* 16 (2005).

Orend, R. „Steuerung der ebenen Fahrzeugbewegung mit optimaler Nutzung der Kraftschlusspotentiale aller vier Reifen“. In: *at, Automatisierungstechnik* 53 (2005), S. 20 –27.

Osher, S. und Fedkiw, R. P. *Level Set Methods and Dynamic Implicit Surfaces*. 1. Edition. Springer Verlag, 2003. ISBN: 0-387954821.

Pacejka, H. B. *Tire and Vehicle Dynamics*. 1. Auflage. Butterworth Heinemann, 2002. ISBN: 978-0768017021.

Pasquotti, M. „Topics on Optimization Strategies for Constrained Mechanical Systems“. Diss. Universita di Padova, 2008.

Plöchl, M. und Edelmann, J. „Driver models in automobile dynamics application“. In: *Vehicle System Dynamics* 45.7-8 (2007), 699 — 741.

Preuße, C., Keller, H. und Hunt, K. J. „Fahrzeugführung durch ein Fahrermodell“. In: *at, Automatisierungstechnik* 49 (2001), S. 540 –546.

Prokop, G. „Modelling human vehicle driving by model predictive online optimization“. In: *Vehicle System Dynamics* 35.1 (2010), S. 19–53.

Rill, G. *Simulation von Kraftfahrzeugen.* 1. Auflage. Vieweg, 2007. ISBN: 978-3528089318.

Ross, I. M. und Fahroo, F. „Legendre Pseudospectral Approximations of Optimal Control Problems“. In: *Lecture Notes in Control and Information Sciences* 295 (2003), S. 327 –342.

Sharp, R. S. „Driver steering control and a new perspective on car handling qualities“. In: *Proceedings IMechE, Part C: J. Mechanical Engineering Science* 219 (2005).

Siegler, B. „Lap Time Simulation for Racing Car Design“. Diss. School of Mechanical Engineering, The University of Leeds, 2002.

Siegler, B. und Crolla, D. *Lap Time Simulation for Racing Car Design.* SAE technical paper 2002-01-0567. 2002.

Siegler, B., Deakin, A. und Crolla, D. *Lap Time Simulation: Comparison of Steady State, Quasi- Static and Transient Racing Car Cornering Strategies.* SAE technical paper 2000-01-3563. 2000.

TESIS DYNAware. *veDYNA Produktbeschreibung.* Internetseite. Zugriff 17.2.2013: `http://www.tesis-dynaware.com/produkte/vedyna/uebersicht.html`. 2013.

Tamaddoni, S. H., Taheri, S. und Ahmadian, M. „Optimal Preview Game Theory Approach to Vehicle Stability Controller Design“. In: *Vehicle System Dynamics* 49 (2011), S. 1967–1979.

Thomas, D., Segal, D., Milliken, D. und Michalowicz, J. *Analysis and Correlation using Lap Time Simulation-Dodge Stratus for the North American Touring Car Championship.* SAE technical paper 962528. 1996.

Thommyppillai, M., Evangelou, S. und Sharp, R. „Car driving at the limit by adaptive linear optimal preview control“. In: *Vehicle System Dynamics* 47 (2009), S. 1535–1550.

Timings, J. P. und Cole, D. J. „Efficient Minimum Manoeuvre Time Optimisation of an Oversteering Vehicle at Constant Forward Speed“. In: *Proceedings American Control Conference* (2011), S. 5267–5272.

Tipping, M., Hatton, M. A. und Herbrich, R. *Racing line optimization.* Patent application publication US 2007/0156327. 2007.

Tremayne, D. *The Science of Formula 1 Design.* Haynes Publishing, 2006. ISBN: 1-844253406.

Trzesniowski, M. *Rennwagentechnik.* Vieweg & Teubner Verlag, 2008. ISBN: 987-3834817792.

Velenis, E. und Tsiotras, P. „Minimum Time vs Maximum Exit Velocity Path Optimization During Cornering“. In: *Proceedings IEEE International Symposium on Industrial Electronics* (2005), 355–360.

Velenis, E. „Analysis and Control of High-Speed Wheeled Vehicles“. Diss. Aerospace Engineering, Georgia Institute of Technology, 2006.

Velenis, E. und Tsiotras, P. „Minimum-Time Travel for a Vehicle with Acceleration Limits: Theoretical Analysis and Receding Horizon Implementation“. In: *Journal of Optimization Theory and Applications* 138.2 (2008), S. 275–296.

Velenis, E., Tsiotras, P. und Lu, J. „Modeling Aggressive Maneuvers on Loose Surfaces: The Cases of Trail-Braking and Pendulum-Turn“. In: *Proceedings of the 2007 European Control Conference* (2007).

Velenis, E., Tsiotras, P. und Lu, J. *Trail-Braking Driver Input Parameterization for General Corner Geometry.* SAE technical paper 2008-01-2986. 2008.

Vietinghoff, A. von. *Nichtlineare Regelung von Kraftfahrzeugen in querdynamisch kritischen Fahrsituationen.* Karlsruhe, Deutschland: Universitätsverlag Karlsruhe, 2008. ISBN: 978-3866442238.

Vögel, M, von Stryk, O., Burlisch, R., Chucholowski, C. und Wolter, T.-M. „An Optimal Controll Approach to Real Time Vehicle Guidance“. In: *Mathematics - Key Technologie for the future* (2003), S. 84 –102.

Völkl, T, Zinke, C. und Winner, H. „Development of a Driver Model for Optimal Control of a Race Car“. In: *12. Internationales Stuttgarter Symposium* (2012).

Völkl, T, Lukesch, R., Mühlmeier, M., Graf, M. und Winner, H. „A Modular Race Tire Model Concerning Thermal and Transient Behavior Using a Simple Contact Patch Description“. In: *2012 Tire Society meeting* (2012).

Von Stryk, O. *User's Guide for DIRCOL (Version 2.1): a Direct Collocation Method for the Numerical Solution of Optimal Control Problems.* Fachgebiet Simulation und Systemoptimierung (SIM), Technische Universität Darmstadt, 1999.

Wächter, A., Laird, C. und Kawajir, Y. *Introduction to Ipopt: A Tutorial for Downloading, Installing and Using Ipopt.* Department of Mathematical Sciences, IBM T.J. Watson Research Center. 2010.

Wloch, K. und Bentley, P. J. „Optimising the Performance of a Formula One Car using a Genetic Algorithm“. In: *Proceedings of the Eighth International Conference on Parallel Problem Solving From Nature* (2004), S. 702 –711.

Wu, K. A. und Miele, A. „Sequential Conjugate Gradient Restoration Algorithm for Optimal Control Problems with General Boundary Conditions“. In: *Aero - Astronautics Reports* 144 (1978).

Wurster, U. und Schick, B. „Substantial Progress of Virtual Driver Skills in Interaction with Advanced Control Systems to Meet the New Challenges of Vehicle Dynamics Simulation“. In: *Proceedings of the 10th International Symposium on Advanced Vehicle Control* (2010).

Yu, S.-J., Sukumar, S. R., Koschan, A. F., Page, D. L. und Abid, M. A. „3D Reconstruction of Road Surfaces Using an Integrated Multi-Sensory Approach“. In: *Optics and Lasers in Engineering* 45.7 (2007), S. 808 –818.

